繁花又开

心理创伤康复之路

主编 李先宾

人民卫生出版社

·北京·

图书在版编目（CIP）数据

繁花又开 ：心理创伤康复之路 / 李先宾主编. ——
北京 ：人民卫生出版社，2025. 2. —— ISBN 978-7-117
-37197-1

Ⅰ. R749. 055

中国国家版本馆 CIP 数据核字第 2024V8N230 号

人卫智网	www.ipmph.com	医学教育、学术、考试、健康，
		购书智慧智能综合服务平台
人卫官网	www.pmph.com	人卫官方资讯发布平台

繁花又开——心理创伤康复之路
Fanhua Youkai——Xinli Chuangshang Kangfu zhi Lu

主　　编：李先宾
出版发行：人民卫生出版社（中继线 010-59780011）
地　　址：北京市朝阳区潘家园南里 19 号
邮　　编：100021
E - mail：pmph @ pmph.com
购书热线：010-59787592　010-59787584　010-65264830
印　　刷：廊坊一二〇六印刷厂
经　　销：新华书店
开　　本：889×1194　1/32　　印张：7.5
字　　数：156 千字
版　　次：2025 年 2 月第 1 版
印　　次：2025 年 4 月第 1 次印刷
标准书号：ISBN 978-7-117-37197-1
定　　价：49.00 元

打击盗版举报电话：010-59787491　**E-mail**：WQ @ pmph.com
质量问题联系电话：010-59787234　**E-mail**：zhiliang @ pmph.com
数字融合服务电话：4001118166　**E-mail**：zengzhi @ pmph.com

主 编

李先宾　首都医科大学附属北京安定医院

编 者（按姓氏笔画排序）

丁　琳　首都医科大学附属北京安定医院

卫俐瑶　首都医科大学附属北京安定医院

王　宇　首都医科大学附属北京安定医院

王　茹　首都医科大学附属北京安定医院

王　聪　首都医科大学附属北京安定医院

王玉萍　四川大学华西第二医院

邢　颖　首都医科大学附属北京安定医院

朱　彤　首都医科大学附属北京安定医院

李先宾　首都医科大学附属北京安定医院

姚淑敏　首都医科大学附属北京安定医院

序一

　　在当今快节奏的社会中，个体精神健康的重要性日益凸显。心理创伤，作为一种深重的心灵伤痕，不仅影响着个体的情绪与行为，还可能引起各类精神心理疾患的发生，导致其社会功能、人际关系乃至生活质量受到严重影响。北京安定医院作为国家精神疾病医学中心，一直致力于精神卫生的治疗与研究，积累了丰富的临床经验与科研成果，康复中心多年来针对创伤康复进行了深入的临床实践和系统的研究工作，很多受创伤困扰的人士纷至沓来，寻求帮助。

　　本书系统地介绍心理创伤的多维度面貌，包括其种类、症状表现以及科学的康复方法。我们深知，心理创伤如同身体上的伤口，虽看不见摸不着，但其疼痛与影响却真实而深远。因此，编写这样一本书，不仅是为了提供专业的知识体系，更是希望能够成为那些正在经历或努力走出心理创伤的人们手中的一盏明灯，指引他们走向康复和愈合的道路。

书中详细划分了心理创伤的种类，从童年创伤，如情感、躯体的虐待忽视等；情感创伤，如离异背叛等；到自然灾害、重大生活变故、职场压力等带来的心理冲击，每一种创伤都以其独特的方式影响着个体的内心世界。通过深入浅出的解析，我们希望读者能够更准确地识别自己或他人可能遭遇的心理创伤类型，从而迈出理解与治愈的第一步。

随后，本书将探讨心理创伤的常见症状，包括再体验症状，如闯入性回忆、闪回、相关噩梦等；回避和麻木症状，如选择性遗忘、情感范围受限、疏离感等；高警觉症状，如易激惹、警觉性增高、惊吓反应等，这些症状往往是创伤未被妥善处理的信号。通过生动的案例与科学的解释，我们力求让读者对这些复杂的心理反应有更直观的理解，减少对心理创伤的误解与偏见。

最为重要的是，本书将详细阐述一系列经过验证行之有效的心理创伤康复方法，涵盖眼动脱敏再加工疗法（EMDR）、艺术行为治疗、认知行为疗法、家庭治疗等。同时，也介绍了若干自我康复途径，诸如运用识别非理性信念、积极自我对话等实现认知调节；借助身体扫描、蝴蝶拍、构建安全岛等技术进行情绪调节，这些方法各具特色，为康复者提供了多样化的选择，使其能根据个人实际情况选取最适宜的康复方法，帮助个体逐步释放内心的负担，重建自我价值感，恢复生活的热情与动力。同时，我们也强调家庭与社会支持的重要性，因为康复之路并非孤军奋战，而是需要社会各界的温暖陪伴与共同努力。

在此，我们要特别感谢所有参与本书编写的临床医生、康复治疗师、心理治疗师等，是他们的经验分享与无私奉献，让这本书得以成形。我们相信，无论是对于专业人士寻求深入理解心理创伤的机制，还是对于普通读者希望获得自我疗愈或帮助他人的方法，本书都将是一份宝贵的资源。

让我们以科学的态度和人文的关怀，共同探索心理创伤的康复之道。愿每一位读者都能在这本书中找到希望的光芒，开启属于自己的心灵疗愈之旅。

首都医科大学附属北京安定医院院长

2024 年 12 月

序二

　　自 1981 年加入北京大学精神卫生研究所（第六医院）以来，我长期致力于心理危机干预和创伤治疗。1994 年 12 月，我首次参与由卫生部派出的心理救援工作，至今已有 30 余年的探索与实践，积累了不少经验和体会。

　　1994 年，新疆克拉玛依市友谊宾馆火灾致 323 人死亡。国家和当地政府高度重视，速派医疗专家。当时"救援"多不含精神科医生，后因受伤者及遇难者家属心理问题突出，才请求派遣心理专业人员，此前国内无此先例。我与同事忐忑赴疆，查阅灾后心理干预资料，与当地医疗队组成联合组，先家访重灾家属，后开设门诊、热线，为市民提供心理教育。

　　累计寻访 30 多户后，我们为医护人员和工会干部开展培训，提升其心理援助能力，此次救援稳定了民众情绪。结束后，我们认识到危机干预的重要性，将经验写成论文，并参与编写了《现代心理治疗手册》。2002年，卫生部、民政部、公安部联合下发规划，建立国家重大灾害精神卫生干预试点，开展心理应激救援，这是中国精神卫生领域里程碑式的发展。

65岁退休后，我开始系统学习并全力推广眼动脱敏再加工心理疗法（EMDR），并开拓出一片崭新天地。该疗法由美国心理学家Francine Shapiro于1987年创立，她发现眼睛左右移动可减少负面思想和记忆干扰。她提出，每个人都有自愈能力，出现的症状都是未加工好的创伤记忆引起的，EMDR疗法可以帮助患者重新进行创伤处理。

起初，我不太相信动动眼睛就能治好创伤，但一个成功案例鼓舞了我。一位患者因同事坠崖身亡受到很大刺激，脑中总闪现遇难者画面，我告知他这是创伤后应激障碍的症状，随后为其进行3次EMDR治疗，他的闪回症状显著改善，他惊喜地表示仿佛被施了魔法一般。经过此事，我下决心一定要学好，并努力推动EMDR在中国的发展。2009年，中国心理卫生协会心理治疗与心理咨询专业委员会成立了EMDR心理创伤治疗学组，由我担任组长。后来，我们还加入EMDR世界联盟，并成为重要成员。

由李先宾主编的《繁花又开——心理创伤康复之路》详细讲述了生活中常见的心理创伤、创伤的症状和发病机制、创伤康复及自我心理调节和应对方法。通过深入浅出的解析，让读者能够更准确地识别自己或他人可能遭遇的心理创伤类型，从而迈出理解与治愈的第一步。

创伤治疗有许多疗法，但各种疗法的共同因素，即心理治疗的基本功最为重要的是安全稳定的治疗关系，同时，心理教育及稳定化的技术都是非常重要且有效的。

我们深知，心理创伤的治疗并非一蹴而就，需要用心去倾听、理解、陪伴那些受伤的心灵。我相信，只要坚持不懈，用爱和专业去帮助，有过心理创伤的人们一定能够走出阴影，重新拥抱阳光。

北京大学第六医院

2025 年 1 月

我对童年创伤这一话题感兴趣，应该源于大学本科期间在临床心理学领域的积累。那时候我开始阅读弗洛伊德的书籍，如《梦的解析》《性学三论》等著作，精神分析学说中很重要的观念就是童年期的负性经历会固着在个体的记忆中，在个体成年期，潜意识中的记忆会持续起作用，影响个体成年期的观念和行为。

　　大学本科期间，除了学习心理学知识，我还系统学习了医学知识，研究生阶段开始攻读精神病与精神卫生的硕士学位、在儿童青少年方向，我的导师对我相对宽松的培养，使得我在选择研究课题上有较大的发挥空间，最终选择了童年创伤作为自己的研究方向，并且在这个领域一做就是 15 年。

　　当一个人在一个领域不断积累，便总想把自己的积累整理出来以帮助更多人。我当时就是这样一步步思考，直到带领我的团队开始构思这本书。早期的设想是由 1 人或者 2 人完成，后来觉得应该发挥大家的智慧，因为我们团队的技术比较全面，而全面的技术便于读者从中汲取知识，以利于自己的心理疗愈。

书稿撰写期间，团队每一位编者都为这本书成稿付出了聪明才智，也付出了大量的时间和精力，不过想到这本书的出版能够帮助众多被不良经历困扰的来访者，我们干劲十足。

写作的过程是漫长的。以前我的团队成员比较擅长的是撰写专业论文，这次写科普文章，大家都很不适应，我自己也一样。把专业论文变成科普文章真的不容易，在慢慢摸索中，我们逐渐找到了感觉，在讨论中也碰撞出火花，还有两位成员结成了写作对子，收到了很好的效果。总之，大家齐心协力，一点点地完成了这个艰巨的任务。

目前，很少有专门讲解心理创伤的书籍，希望我们创作的这本书能够弥补这一空缺。这本书的第一章是心理创伤分类，可帮助读者了解自己，或帮助患者家属了解其创伤类型，并可以区分患者是单纯性创伤还是复杂性创伤。第二章是心理创伤的症状和发病机制，我在门诊时会遇到很多就诊者并不了解自己的症状，某些心理创伤症状常常和抑郁、焦虑等症状混淆，我们可以帮助读者理清症状表现，以及创伤发生的心理及生理原因。第三章介绍了各种创伤治疗技术，包括眼动脱敏与再加工疗法、认知行为疗法、表达性艺术治疗（绘画治疗、音乐治疗、舞动治疗等）、家庭干预、生物学治疗（药物治疗、物理治疗）等，其中部分技术需要在专业人员指导下进行，另外一部分技术读者可以自行体验、自我疗愈。第四章是除专业治疗外，自我可操作的心理调节和应对方法。此外，本书还穿插了大量团队接诊的实际案例，以帮助读者更好地理解相关内容。

作为讲述心理创伤的科普书，本书为心理创伤的专业书籍的撰写打下了基础。当初在规划此书的时候，出发点是让更多的读者受益，让广大的来访者能看懂，所以选择了先撰写科普书。其实，目前学术圈也同样缺少心理创伤的专业书籍，本书的出版可以为心理创伤专业书籍的出版奠定基础。我们将在本书出版后，规划心理创伤专业书籍的出版，期待在这个领域不但能够帮助来访者，也能帮助提供服务的专业人士。

创伤带来的问题长期被忽视，很多来访者和家人正在面对创伤经历带来的困扰而无所适从。我们编纂这本书的目的就是提供针对创伤的普适性应对技巧，科普而实用，希望我们的书籍能够帮助读者走出创伤的阴霾，走向美好，繁花再开。

李先宾

2024 年 9 月

在成长经历中,你曾经有过以下这些经历吗?

1. 你的父／母亲或其他家里的成年人**经常**……
   咒骂你、侮辱你、贬低你或羞辱你**或者**以某独方式对待你而让你害怕自己可能会遭受到身体伤害?
   □是　□否　　　　　　　　　　如果答"是",评 1 分＿＿＿＿＿

2. 你的父／母亲或其他家里的成年人**经常**……
   推你、抓你、打你耳光或扔东西砸你? 或者曾经狠狠地打你,以致你身上留下伤痕或身体受伤?
   □是　□否　　　　　　　　　　如果答"是",评 1 分＿＿＿＿＿

3. 是否有成年人或者至少比你大 5 岁的人曾经……
   触摸或抚弄你,或者让你以性的方式触摸他们的身体**或者**试图或已经与你发生性关系?
   □是　□否　　　　　　　　　　如果答"是",评 1 分＿＿＿＿＿

4. 你是否经常**感觉到**……
   你家里没有人爱你或没有人认为你是重要的或独特的**或者**你的家庭成员不会相互照顾、相互亲近或相互支持?
   □是　□否　　　　　　　　　　如果答"是",评 1 分＿＿＿＿＿

5. 你是否经常**感觉到**……
   你没有吃饱、不得不穿脏衣服,并且没有人保护你**或者**你的父母喝醉了或喝多了,无法照顾你,或者当你需要看医生时他们无法带你去?
   □是　□否　　　　　　　　　　如果答"是",评 1 分＿＿＿＿＿

6. 你父母是否曾经分开或离婚?
   □是　□否　　　　　　　　　　如果答"是",评 1 分＿＿＿＿＿

7. 你母亲或继母:
   是否经常被推搡、被抓、被打耳光或被扔东西砸**或者**有时或经常被踢、被咬你、被用拳头或用硬东西打**或者**曾经反复被打好几分钟不停或被用枪或刀具威胁?
   □是　□否　　　　　　　　　　如果答"是",评 1 分＿＿＿＿＿

8. 你是否和有酗酒问题或毒品使用者住在一起?
   □是　□否　　　　　　　　　　如果答"是",评 1 分＿＿＿＿＿

9. 是否有某个家庭成员有抑郁症或精神疾病或企图自杀?
   □是　□否　　　　　　　　　　如果答"是",评 1 分＿＿＿＿＿

10. 是否有家庭成员进监狱?
    □是　□否　　　　　　　　　　如果答"是",评 1 分＿＿＿＿＿

现在把答"是"的条目相加,得出你的评分＿＿＿＿＿＿

(如果 > 3 分,代表不良经历明显;分数越高,生活经历的影响就越大)

你愿意进一步了解自己,帮助自己吗?

目录

第三章 | 创伤疗愈

第四章 | 自我心理调节和应对方法

第一章

生活中常见的心理创伤

如今，我们享受着现代化生活带来的便利，我们可以在铺设塑胶跑道的公园练习马拉松，坐电梯到十几层的办公室工作，在家中柔软的沙发上享受电视带来的乐趣，通过手机浏览地球另一边的花边新闻。我们已远离战争许久，通常只会通过电视节目或者电影中感受战争的残酷，当关闭电视、电影谢幕后，我们长舒一口气，在网上发表着爱国感言，对战争发起者充满厌恶，我们仿佛靠近了战争，在一个安全的高台观察着战争。影像中的战争是一群人的战争，这些人充满勇往直前、坚忍不拔的意志，我们无须为他们担心，就像有主角光环一般，胜利总是属于正义的一方。

随着战争距离我们越来越远，我们不再为饥寒而担忧，战争的伤口渐渐愈合，战场上的老兵也逐渐淡出了人们的视线。我们回归本应有的平静，过着安全、便捷的生活，犹如一幅莫奈的油画，舒缓而温暖。但是平静生活下似乎充斥着暗涌。近些年，透过社会新闻、身边亲友甚至我们自己的经历发现，真正的平静貌似仍距离我们很远，我们正经历着一个人的战争，负隅顽抗，我们不知道自己是不是也拥有主角光环，能不能安全地获得胜利，能不能真正回归平静的生活。

在 2017 年，一名叫林奕含的女性作家出版了一本书，名叫《房思琪的初恋乐园》。这本书讲述了一名补课教师诱奸高中女学生房思琪的故事，这个故事根据作者的真实事件改编。出版后林奕含接受了一次电视采访，在采访中，她几次停顿，深呼吸，重整自己的情绪，说了一句话："普里莫·莱维说'集中营是人类历史上最大规模的屠杀'，但我要说，不是，人类历史上最大规模的屠杀，是房思琪式的强暴。"接受采访后没多久，林奕含自缢身亡。

林奕含口中的普里莫·莱维也是一名作家、诗人，同时他是奥斯维辛集中营的第 174517 号囚犯，因为年轻力壮以及会简单的德语，他有幸在集中营里存活了下来，但是在战争结束的 40 年后，1987 年 4 月，莱维坠楼身亡。他常提及他身为人类感到非常羞耻，因为人类发明了集中营。埃利·威塞尔曾说："普里莫·莱维在 40 年后死于奥斯维辛集中营。"

值得被提及的埃利·威塞尔先生也是一名奥斯维辛集中营的幸存者，他终其一生为都在集中营中逝去的人发声，揭露战争的残酷。他在 1986 年获得了诺贝尔和平奖。他曾说："我必须做些什么，我的生命不是儿戏，因为如果死去的是我，意味着别人能得救。我不是为了自己而活，我是为了替我而死的那个人。虽然我知道我不能。"

战争的阴霾貌似并没有随着硝烟散去而消失，它残存在退伍士兵的噩梦中，残存在幸存者的内疚中，残存在战争亲历者的恐慌中，残存在全人类的血液中。真正意义的战争虽已离我们远去，但仍有象征意义的战争萦绕着我们，如童年时经历的情感虐待、躯体暴力、情感忽视及性侵害等，还有因童年创伤而拥有不安全依恋模式的人，在成年后经历情感创伤等复杂性创伤，也有因亲人意外离世、经历车祸、火灾后久久不能释怀的伤痛，以及自然灾害，如地震、洪水以及近两年的新冠感染。历经这些痛苦的个人，可能犹如曾身处集中营一般，虽已远离，但集中营的烙印仍在体内，带着恐惧、愤怒、憎恨、羞耻及内疚生活在世界上，无处可逃，也找不到逃离的方法。

经历类似创伤事件的人们常常会展示出不同的生活形态，而生活形态在某方面也显示出心理状态，如同莱维先生和威塞尔先生选择了不同的道路。当我们知道如何应对创伤后，可能生活就不再是一条狭窄、幽暗而枯燥的小路了，生活可能变成了一个宽阔的平原，我们可以走向任何方向，或者说，任何方向都属于我们。

在我们谈论创伤的表现和治疗前，我们首先要区分一下创伤的种类，以便在之后的章节进行具体的讨论。

第一节 │ 童年创伤

当想到童年时，你会想到哪些片段呢？

＊晴朗的夜空和妈妈坐在晾台数星星，其实你没有认真地数，你在偷瞄妈妈眼角的泪痕。

＊和小伙伴下河抓鱼，被家长发现后挨一顿臭骂，而你却仍难掩兴奋，因为自己终于融入小团体。

＊你躺在床上看着外婆忙碌的背影，安心地睡了一个午觉。

＊数学老师上课时冲着走神的你扔了一个粉笔头，你抬头发现老师嘴角竟然露出狡黠的笑意。

＊父母吵架，自己躲在角落里恐惧到发抖，你想着吵架的原因肯定是因为你这次期末考试没考好。

＊你不想上学，你不知道该如何与同学放松地聊天，你担

心你的一举一动会遭到同学嘲笑，但你还是硬着头皮走进了教室，一个不太熟悉的同学笑着跟你打了招呼，你一下放松了。

＊你将收集的明星海报贴在墙上，某天母亲将海报全部撕碎，你大哭，母亲不在意地说："不就是张照片吗？"

＊你偷偷从同学家抱来一只小猫，父亲趁你不备把小猫丢到路边，你走了两公里也没有找到。

也有可能，你并不想提到童年。

你在提到童年时莫名感到紧张、恐惧、愤怒、压抑、担忧、坐立不安、哭泣、发抖、呼吸不畅、心悸……或者你想到童年就会感到羞耻、愧疚、自责、自卑、厌恶自己、厌恶异性，你会想暴饮暴食，会用刀划手臂，会认为自己不配活在这个世界上……

如果你存在上述情况，很可能你是一名童年创伤的受害者。很多种情况都能导致童年创伤的发生，除了重大意外事件、性虐待、父母离世、离异、校园霸凌及躯体虐待外，还包括情感虐待、情感忽视、躯体忽视等被大家忽略的导致童年创伤的成长事件。

下面，我们会就童年创伤中的某些类型进行一些讨论。

一、情感虐待

情感虐待是指儿童的监护人（如父母）通过长期持续的负性语言或象征性方式致使儿童出现或潜在可能出现心理创伤的虐待行为。负性言语包括训斥、贬低、羞辱、威胁儿童，以及声称将要伤害或遗弃儿童关心的人或事等；象征性方式包括限制行动、孤立儿童、强迫儿童对自己施加痛苦、歧视的表情动作等。这些行为向儿童传递了这样的信号：你不配拥有现在的生活，你在世界上没有价值，现在的家庭窘境是因为你的缘故，你太丑了，你不聪明，你一无是处，你是多余的，你不值得拥有爱……

小艾是一名大学一年级的女生，她常常有这种感觉：和周围的环境格格不入，不能融入宿舍、班级或者学校之中，和其他同学永远不在一个频率上，走在路上、吃饭、学习只是在做任务。小艾从不参加任何同学聚会，在宿舍中独来独往，她认为同学们都讨厌她，她内心想和同学们建立友谊，想让同学喜欢自己，但是行动上怎么也不能迈出第一步。她害怕别人批评她，甚至不能接受一些善意的建议。有一次，班长向小艾建议："咱们下周同学聚会，大家都要参加，包括你，请你不要总板着脸，大家都觉得你不好接触，不要因为你自己的原因破坏了整个聚会的气氛。"

小艾听着听着，突然间控制不住地发抖，她站在原地捂着胸口，觉得心脏要跳出胸腔，仿佛有个石头压着头顶，她冲着班长大喊："你可以不要说了吗？"

班长被小艾的举动吓到，匆忙离开了现场。

导师建议小艾到精神科看看。小艾来到医院对医生说："其实我也想去看看病，因为我被自己的状态吓到了，我不知道为什么发脾气，我常常会因为一些批评而感到暴怒，我也知道，可能别人也不是恶意，有时甚至是好意，他们也没有用到特别严厉的字眼，可我就是接受不了，我身体控制不住地感到恐惧。"

医生问："你的身体你自己最了解，它困扰你这么久，你应该知道是什么原因，你有想过这件事吗？"

小艾说："是，我认真想过这件事，我觉得是因为我妈妈，她才应该来这里看病，她经常会暴怒，因为一点小事就骂我，小时候我会觉得她生气是因为我的问题，现在我长大了有了自己的判断，我觉得可能不是我的原因，说不定就是她想发泄，我现在特别恨我妈妈。"

"比如她会指着鼻子骂我，干什么都不行，就知道吃，还不如猪。"

"我放学去别的同学家玩，她也会骂我占便宜，吃别人家的饭。"

"说我长得丑，肥得像猪，屁股肚子上的肉都快溢出来了。"

"她还说都是因为我，我哥哥才会死，是因为我的八字太硬了，我不如我哥哥万分之一……"

小艾说到这里痛哭失声，哭得肩膀都抽动起来，她应该很久没有说过这么多藏在心里的话，她需要宣泄一下情绪。

后来我们聊到了小艾有一个自杀身亡的哥哥，她甚至曾经觉得哥哥的自杀是因为她的缘故，她认为全世界都嫌弃她，她想要讨好所有人，但总是适得其反，于是她一方面想和同学亲近，另一方面又不敢靠近，在班长给她建议时，她便一下回到了被母亲指着头破口大骂的时刻，将情绪投射到班长身上。

当讲到情感联结时，我们经常会提起一个词——依恋。在

20世纪40年代，心理学家约翰·鲍比（John Bowlby）提出了"依恋理论"，他认为依恋是指个体与他人之间的一种强烈、持久且亲密的情感联结。该理论当时用于研究婴儿和照料者之间的情感关系，当我们与照料者（如父母）相处时，正常的状态应该是安全的、亲密的、稳定的及有归属感的，这也为日后我们交友、恋爱、成婚及抚养子女奠定了坚实而安稳的基础，但是如果我们在成人后面对朋友、恋人或孩子时，我们感到恐惧、焦虑、缺乏安全感，陷入人际关系的旋涡，没办法正确评估人际交往的现状和掌控正常的人际需求，患得患失、忽冷忽热。这时我们需要静下来反思一下，是不是在童年时期，我们与父母的情感联结出现了问题，可能父母曾在无意识的情况下对我们进行了情感虐待。

如果出现下述情况，你要警惕自己是否遭遇了情感虐待。

（1）感到内疚，无论做什么事情都会认为自己做得不够好，父母不开心时会反思是不是自己的问题。

（2）自我伤害，你会通过伤害自己、物质成瘾、暴饮暴食、过度性行为来发泄自己的情绪。

（3）内心常常感到愤怒，即使有时父母对你的态度很好，你仍会抑制不住自己的愤怒，怨恨父母。

（4）恐惧父母，担心做决定时父母的反应，甚至在讲话时都会担心父母会发怒或生气。

（5）讨好父母，你希望他们开心，他们的情绪牵动着你的情绪。

（6）在和别人争辩时，会突然说自己的坏话，如"我知道我傻""没错我就是这么愚蠢",和同龄人相比不够成熟,情绪不稳定。

可以观察一下你的父母是否有以下情况。

(1)过于情绪化,可能一件小事、一句话或者没有原因,父母情绪会瞬间低落、气愤。

(2)过于挑剔、消极,父母总是认为你不够好,经常对你做出负面评价,对你的身材、言行,甚至微信头像等过于挑剔。

(3)忽视、否定你的情绪,认为你对一些事的反应过于敏感。

(4)把你当作透明人,虽然在你身边,但与你没有任何交流。

(5)被动攻击,认为自己发的脾气都是有道理的,总能为自己的不良情绪找到借口。

(6)过度控制你的生活,偷看你的日记、手机信息、微信等,被发现后也不认为自己是错的。

二、躯体虐待

儿童躯体虐待是指非意外所致的儿童躯体损伤,是监护人(如父母)或老师等成年人无论是否出于故意,使用各种暴力手段,如踢、咬、摇晃、扔、刺、击打(用手、棍子、皮带或其他物品)、掐、烫(如香烟烫伤)或其他方式伤害儿童躯体的行为。

实施躯体暴力的父母常常不具有成熟的情感,他们在工作、生活或人际交往中很容易受挫，不能控制冲动的情绪和行为，并且可能存在酗酒、吸毒、患有精神疾病等情况。有研究显示，年轻、经济压力过大（如贫穷、失业）、缺少情感支持（如单亲、缺少亲友关心）的父母所生的孩子遭受躯体虐待的风险较高。

当我打算写这一节的内容时，刚好有一位初中同学找到了我，他称自己就是躯体虐待受害者，对他进行躯体虐待的人是他的初中班主任，已经30岁的他想回到原来的初中学校找当时的老师理论。

"那时上初中，我学习成绩不好，你还记得吧？"他说。

"那时候的初中老师，教数学的，有两次数学考试，我都没考及格，他用戒尺打了我的手，特别疼。"

我回想起当时的情景，那个数学老师是一名一米八的男人，平时笑意盈盈，但如果哪位同学有成绩下降或者扰乱课堂纪律的情况，他就会让他伸出手掌，用戒尺打他手心。

我好像也被打过，如果这位朋友不说，我可能早就忘在脑后了。

"你的手受伤了？"我问。

"也没有，就是现在想起来觉得这种教育方式不对，打我也没用，成绩还是不好。"

我和他都哑然失笑。

"我想找初中老师理论是为了帮助现在的孩子们，我认为这种惩罚完全没有作用，甚至增加了孩子们的恐惧，有时能正常发挥的考试都紧张到做错。这种情况属于躯体虐待吗？"

他说。

体罚式的教育受当地社会风俗、教育方式影响，某些轻度的身体惩罚，如拍打、戒尺打、罚站，如果没有造成儿童躯体损伤，则不被认为是躯体虐待，有些传统治疗，如中医中的刮痧、拔罐等，会造成皮肤瘀青，也不属于躯体虐待，曾有一部影片《刮痧》就是讲述了这样的故事。躯体虐待相较之言更加严重，会造成儿童皮肤损伤、骨折、内脏损伤、中枢神经系统损伤、瘫痪甚至死亡。

我曾目睹一名小学同学因为早恋，被父亲吊挂在树上用皮鞭抽打，女孩大哭求饶，父亲却并没有因此心软，依旧一鞭鞭地抽打女孩的后背，女孩便咬着牙一句话也不再说，直到她父亲看到我在门口才把女孩放下来，女孩躺在地上的场景我仍记忆犹新。我只记得那时恐惧地跑回家、大口喘气、心有余悸。女孩长大后我们很少联系，只在别人的口中听说她曾自杀未遂被抢救了过来，后来她远离家乡去了南方，自此再也没有女孩的消息。

遭受躯体虐待的儿童除了肉体损伤外，还会出现多种心理问题及精神疾病。有研究表明，躯体虐待与非自杀性自伤行为、冲动攻击行为、物质成瘾及网络成瘾关系密切。当然这些都是表象，很多难以处理的痛苦会通过自伤、冲动行为表现出来。躯体受虐的儿童常常会养成软弱的性格，不敢拒绝他人，没有原则，任凭他人在自己的世界里横冲直撞，在面对别人的凌辱时会选择默不作声，在成人后常常会选择一些有施虐倾向的人作为自己的伴侣，和伴侣相处时有的人会患得患失，总是担心伴侣出轨或消失，工作时频繁联络伴侣，恐惧分离，伴侣提出分手后纠缠不休，不顾尊严挽留伴侣；也有一部分人会回避交友、结婚，很难相信别人，疑神疑鬼，婚后很可能对配偶冷暴力。

三、性虐待

儿童性虐待是指成年人为性满足采取任何涉及儿童的性行为。性虐待包括下述活动，如抚摸、亲吻儿童的生殖器，强迫儿童进行性交和逼迫儿童卖淫。对于在儿童不情愿、不同意或者不完全理解的环境中，通过强迫、引诱、欺骗及恐吓等方式迫使儿童参与其中，虽没有直接的躯体接触，但使成人获取性满足的行为也属于性虐待，如在儿童面前讲色情笑话、做一些淫荡的动作；引诱儿童共同看色情作品；绘制儿童裸体画和拍摄儿童裸体照；在儿童面前故意裸体或暴露生殖器等。

那天，有一个身材高大的男子走进诊室，他的门诊信息标注是 19 岁，但外表看来就是一个 30 岁左右的男人，头发凌乱，面容憔悴，他由两个姐姐陪伴就诊，两个姐姐青春靓丽，一比较就更能看出差别。男孩有些羞涩，这是他第一次到精神心理科就诊，他不认为自己有病，他的两个姐姐也不认为他有病，之所以过来就诊，只是认为他目前状态不好，想做一些相关的心理测试，最好能够排除患有抑郁症。

"我心情特别不好，2019 年我就出现过一次，大概有一周时间我特别疲倦，会突然想自杀，我很难控制自杀的想法，虽然我最后没实施自杀的行为，但是我会觉得自己是懦弱的，不敢结束生命，我认为自己一无是处，什么都不配得到。家人们没办法理解我，他们觉得我的生活很好，不应该有这种想法。之后我找工作应聘，忙起来之后注意力转移了，心情就好了，但是这半年我又开始重复之前的状态，我上班没办法集中注意力，每天都很累，时不时暴饮暴食，即使撑到胃不舒服，也没有感到开心，我还会连续几个通宵玩游戏，第二天上班迟到、浑浑噩噩。我现在时不时就想伤害自己，我吃过十几片安眠药，还用剪刀和充电器划自己的胳膊，我很难转移注意力去想别的事情。"他说。

我发现他几次提到"想要转移注意力"，那肯定是他在持续想着一些事，这些事吸引着他的注意力，很可能就是他情绪不稳、企图自杀的原因。

"你是因为哪些原因而伤害自己呢？"我问。

"我想到一些不开心的事。"

"具体是什么事呢？"

"小时候的事。"

"你愿意再说得具体一些吗？"

男孩开始不停搓双手，脸颊通红，头扎进胸口，能看得出他很恐惧。"就是小时候父母离异，和同学打架。"说前面这句话时他的语速很正常，接着他用极快速、极小的声音说出一句话："我小时被一个男人性侵过。"这个声音小到好像这是不值一提的事或不想被人听到的一句话。

我有些震惊，同时也认识到男孩的症状有点儿复杂。男孩站起来说要出去透透气，于是其中一个姐姐陪他走了出去。

男孩离开后，留下来的姐姐接下来的话更加让我震惊。

"这种情况不是很常见吗？怎么我弟弟的反应会这么激烈呢？"姐姐说。

"他刚才提到他被性侵过，你是指这件事很常见吗？"我甚至怀疑刚才没听清男孩的话，是不是那句话声音太小，我听错了。

"是啊，他小时候和爷爷奶奶生活，那时候在农村，他经常去邻居一个大伯家玩，应该是那时候大伯性侵了他，具体情况我也不是很清楚，去年他才把这些事情简略地告诉了我们。每次提到这件事他都会大哭、发抖，我们也不知道该怎么安慰他。可是我不太理解，大家不是都经历过类似的事吗？我也经历过被男同学猥亵，我表姐（另一个陪同者）也经历过。我们都处理得很好，我不理解弟弟的反应为什么这么强烈。"

她以一种很平静的语气说出来，希望得到我的认可。我的内心当然没有认可，虽然我没有表现出惊诧的表情，但疑问的眼神或许出卖了我的震惊，这时我反而认为男孩的情绪或许才是正常的反应。

我试着不带有主观的态度说："每个人面临的实际情况还是有些差异的，所以你弟弟有这种情绪其实很正常，你们要认识也要接纳弟弟现在的情绪，支持他、陪伴他对他来说很重要。"

姐姐沉默地点了点头，不知是不想和我争辩还是认同了我的话，我为男孩开具了创伤后应激障碍症状清单、抑郁自评、焦虑自评等相关量表进行评估，我担心他在进行评估时情绪失控，又特意和他的姐姐交代了注意事项。姐姐依旧沉默地点了点头离开了。

当性虐待的情况发生时，大部分儿童当下很可能认识不到自己经历了什么，儿童没有接受过系统的性教育，对性侵害缺乏辨别力，认为有些"抚摸""亲吻"的行为是对自己的关爱；也有一部分人会被性侵者的言语行为恐吓，不敢对家人、老师揭发；而且大部分童年性侵是熟人作案，儿童对这些人的防范意识会更差。待儿童长大或认识到性侵行为后，会感到羞耻、愧疚、恐惧、做噩梦，甚至自残，被性侵的儿童常会觉得经历这场暴行是自己的错误，他们会觉得自己不应该轻信别人、不该和别人单独相处或者没有在事件发生时及时逃跑，并且会恐惧相同特征的人，长此以往，易罹患创伤后应激障碍、心境障碍、物质滥用，甚至人格障碍等。

如果您是一名家长，当孩子出现下述情况，需要警惕孩子是否经历侵害。

（1）对某熟人（如亲戚、老师等）态度骤变，提到时紧张、恐惧或频繁提到某位熟人。

（2）情绪波动大，时有哭泣、疲惫、爱发脾气等，甚至出现自伤、自杀行为。

（3）入睡困难或睡眠不深，经常从梦中惊醒。

（4）不愿上学、不愿参加体育活动。

（5）不愿在家长面前脱、换衣服。

（6）孩子的话语、文字、绘画中透露出性的内容。

（7）经常自我贬低，如"不要脸""脏""贱"等。

（8）排便、排尿困难，难以行走或坐立不安。

四、情感忽视

童年期情感忽视，是由临床心理学家乔尼斯·韦布提出的一个概念。乔尼斯将其定义为一种由于父母没能给予孩子足够的情感回应所造成的情形。例如，父母习惯性地忽略，对孩子发出的求助信号不理不睬，忽视孩子想要的亲密接触。现在手机网络发展迅速，我们在饭桌上、聚会中、地铁里、睡前不愿放下手机。有时当孩子拿着玩具希望得到父母的帮助，或是想和父母分享一件学校发生的趣事时，玩着手机的父母很多时候却敷衍了事，没有真正关注到孩子的需求。偶尔几次为之还不足以引发孩子出现情绪问题，但如果长此以往，孩子就会感到极大的恐惧，感到被抛弃，会被无助无望所造成的感受压垮。

我国是农业大国，因为对男性劳动力的需求以及人们固有的养儿防老的传统观念，在某些地区，重男轻女观念仍深入人心。女性成长在重男轻女的家庭中，常会被父母忽略。父母常将大部分注意力关注到儿子身上，女儿因此则常常会感到自卑，自觉不能满足父母的期望，无论取得什么成就，都会觉得自己还不够优秀，不敢向别人提出要求。

小童如今是一个大型公司的总裁助理，每天应付各种各样的事务、应对各类人群。

"我还是无法自信起来，即使我身穿名牌，每天健身保持身材，努力考取很多的证书，读到更高的学历，但是我面对其他女孩时仍会没有自信，我常常不能直起腰，不能开怀大笑。"

"我母亲从来不会承认我的成就，或者说，她根本看不到我的成就，她每次给我打电话的目的就是分享她的儿子今天做了什么，我父母托关系帮我弟弟在老家找了一个安稳的库房工作，对我母亲来说，如果他涨了五百元工资，比我多挣五万带给她的满足感还要多。"

"我当然心里不平衡，但是我也习惯照顾弟弟了，他挣得不多，才五千元，但是每个月消费就要七八千元，除了父母每个月给他两千元零花钱，他每月还要跟我'借'钱，每个月两三千元我还能够接受，但是这次让我借 60 万元给他买房。我不同意，我在北京租着房，每年还要看房东脸色希望少涨些房租，他们却觉得我的钱来得非常容易，我生气了，对我妈说想要和弟弟断绝关系，我妈认为我有精神病，所以让我到医院看看。大夫，你觉得我是不是真的精神有问题，但是我真的不想一辈子都活在弟弟的阴影下。"

我看着小童对她说："你觉得你有精神病吗？"

小童沉默了一会儿，低着头很久，待抬头时眼睛已经红了。"我还记得小时候为了给弟弟办户口，妈妈为了钻空子，让我装智障，比如装作不认识亲戚、不认识苹果、橘子，这样能给我办理残疾证，之后就可以给弟弟办户口了，可是那时候我没明白大人的意思，大夫问我什么我都诚实地回答。所以残疾证没办下来，弟弟交了超生的罚款，妈妈因为这件事狠狠地吼了我一顿，我现在一想到这件事仍然觉得胸闷、难过，之前难过是因为我觉得自己当时不够'聪明'，给家里增添了负担，现在难过是我觉得我爸妈根本不在乎我的未来，只想着弟弟。大夫，我不认为我这么做这么说是错的，我从没有强烈争取过什么，我从来不善于表达自己的感受，在公司我对每个人都很和气，考虑所有人的感受，在家里我也从不会和家人发脾气，我经常会感到别人不开心是因为我做错了什么，我压抑得太久了，这次我只想为自己说一句话、发一次脾气，我连这个资格都没有吗？"

我对她说："你有表达自己感受的权利，你也有拒绝的权利。不需要得到别人同意，也不需要感到抱歉。"我建议小童进行心理治疗进一步疗愈自己的创伤，这不是精神疾病，只是心中陈旧的灰尘需要清扫。

由于长时间被父母忽视，未得到父母足够的情感关注，被忽视的孩子在长大后常常担心自己做错事、说错话，习惯讨好别人，认为自己没有价值，自卑而敏感，遇到和别人争执的情况时常会压抑自我、成全别人，不会拒绝别人，习惯逞强，为满足别人的要求忽视自己的身体感受、心理感受，有时会因为一句话而情绪过度激动、发脾气，激动过后又后悔自己的情绪爆发。

重男轻女除了对女儿的心理造成伤害，同时也会反噬到被宠爱的儿子身上。由于常年的区别对待，儿子在家庭中被过度关注、溺爱，常常在日后成长为一个傲慢、霸道、任性或者软弱、过度依赖的人。而这两种类型的人在校园中相遇可能会扮演起霸凌与被霸凌的角色。

五、躯体忽视

躯体忽视是指照料者（如父母）无法提供足够的食物、衣服、住所和必要的保护，以及无法为孩子提供适当的护理，例如无法为受伤、生病的孩子提供及时的治疗。遭受躯体忽视的儿童可能看起来个人卫生差、衣不蔽体、精力疲惫、营养不良，甚至体格、情感等发育较同龄人缓慢。在极端情况下，有些儿童甚至会死于饥饿、寒冷等情况，或遭受其他暴力或侵害。很多躯体忽视的孩子成长后习惯压抑，难以表达自己的情绪感受，对自己的躯体不适也习惯性地忽略。有些男孩到了青春期还容易出现攻击他人的情况。

六、亲子分离或留守经历

留守儿童的定义是父母双方外出务工或一方外出务工另一方无监护能力，无法与父母正常共同生活的不满十六周岁的未成年人。大部分留守儿童都是由祖父母、外祖父母抚养长大，因为照料人大部分存在年龄大、体弱、文化水平低等情况，对留守儿童的管教力不从心，无论是情感上的关注，生活上的照顾，还是学业上的辅导都不能和年轻力壮的父母相比。在社会新闻中，留守儿童被强暴、语言暴力的情况较多，这种情况可能就发生在我们身边，很多儿童默默承受着创伤，不敢对外人诉说。当然，留守儿童并不局限在农村，在很多城镇也有儿童被留守在祖父母身边，他们大多是因父母工作忙碌、出差、离异等情况。

小雯是我门诊诊治的一位女患者，20岁，父母常年在北京打工，小雯和父母在北京的出租屋短暂地住了几个月后，就被父母送回了老家的舅舅家，她在舅舅家从小学住到了初中，直到高中住校才离开。舅舅家有一对姐弟，经济条件也不好，所以对这个突然到来的外甥女并没有过多的欢迎，小雯说舅舅常对她口出恶言，比如"黄毛丫头""笨蛋"之类的话。她渴望别人的爱。

于是在16岁那年，她遇到了一名30多岁的成年男人，这个男人用甜言蜜语俘获了小雯，女孩在懵懂的情况下堕过两次胎。直到一年后她发现男人还有多个女友，她当即崩溃，十几天没怎么吃喝，男人对小雯说："就是你的性格让我想离开你，你总是控制我。"但这样的言行并没有让小雯醒悟，她为了让男人回到自己身边，开始用刀划手臂，然后将流血的手臂拍下来给男友看。就诊时小雯说她心情很差，多次想要跳楼轻生，不能听到别人的辱骂、批评，如果别人谈论自己的缺点，她就会崩溃大哭、紧张发抖，甚至有时她会在睡前感觉听到几百公里外母亲骂自己的声音。小雯给我看了她的手机相册，里面有数十张她的手臂划痕照片。

我问她为什么要拍下来。

"我只有将这些照片都发给别人后才能感到解脱，我有时会编造很多谎言，把自己编造得很惨，还会把细节都讲述得很清楚，但其实没有发生过那些事儿，我不知道自己为什么要这样做？"她说。

小雯回忆起自己的童年，她想起小时候只有在生病时才能得到舅舅的关心，有时即使小雯发起高烧，舅舅也不会把小雯送到医院，只是随便找些药给她吃，还免不了一通抱怨。直到有一次小雯从老家平房的屋顶摔下来，导致小腿和前臂骨折，舅舅才紧张地把小雯送到医院，还问小雯有没有什么想吃的，妈妈史无前例地从北京请假回来照顾小雯，小雯在那时感受到了前所未有的爱，她甚至因为舅舅一句简单的问候，就认为之前的辱骂是为自己好，归因是自己当时考试成绩不理想或者不够听话。并且她树立了一个可怕的认知——只有我生重病或者受伤了，别人才会爱我。小雯说着说着自己也明白了现在为什么这么做，她太渴望得到别人的爱，她只能通过一次次让自己受伤，才能吸引到别人的关注，她仿佛回到小时候的状态，受伤后只要一句虚假的关心，在她这里就可以原谅男友之前所有的错误。

小雯只是留守儿童的一个缩影，很多人面临着更困难的处境，有些人还面临经济困难，经济困难会导致多方面的心理问题，如自卑、忧虑、人际敏感等问题；处于被遗弃状态的儿童长时间不能见到父母，总是患得患失，即使父母在身边也担心父母随时消失，缺乏安全感，他们常常感觉自己是孤独无助的，或者在世界上没有一个地方真正属于自己，他们恐惧和他人分离，尤其在获得亲密关系后，更将亲密关系当作唯一的救赎，过度依恋对方，如果联系不到对方，便反复打电话、发微信，直到确定对方在哪里才能安心，如果对方要求分开，有的人甚至会用极端方式恐吓或威胁对方，请求对方回到自己身边。

七、父母分居、离异或父母离世

父母离世、离异或失去重要的依恋对象对孩子来说都是难以逾越的心理鸿沟。

英国著名作家毛姆是非常受大众喜欢的作家，他风趣、幽默，周游在英国上流社会之中，并常常把所见所闻用讽刺的文笔写下来。1915年，他出版了一部长篇小说《人性的枷锁》，即使在一百多年后的今天，这本书也非常畅销。

《人性的枷锁》讲述了男主人公菲利普自童年到成年近30年的人生历程，其中包括他所经历的挫折、痛苦、欲望、探索、反思，以及最后挣脱枷锁的心路。这本书带有一定的自传色彩，菲利普就是毛姆的一个写照。

毛姆出生于1874年的法国，是家中最小的孩子。他的父亲是一名声名显赫的律师，在英国驻法大使馆作一名半官方的法律顾问，毛姆自幼过着优越娇惯的生活，家中的哥哥都去英国读书了，所以幼年的毛姆完全独享了母亲的偏爱，可在他8岁那年幸福戛然而止，他的母亲因患肺结核去世，这是毛姆一生的痛，他在此后一直将母亲的照片和她的一缕长发放在床头。10岁时他的父亲去世，这无疑更是对毛姆的一个致命打击，因为他不得不远离家乡，到英国投奔叔叔。在《人性的枷锁》中描写，菲利普离家前往英国之前他走进了母亲的房间，曾有这么一段描写："菲利普打开装满衣裙的柜子，走进去，张开手臂尽全力抱一堆衣服，把头埋在里面。裙子的香气是母亲的味道……好像母亲只是出去散了个步，一会儿便能回来，陪菲利普喝育儿茶；好像她的吻真真实实地落在了菲利普的嘴唇上。再也见不到妈妈了？不会的，这根本不可能。菲利普爬上床，头枕上枕头，一动不动地躺在那儿。"70多岁的毛姆到访美国，在录音机前朗诵这段文章时仍旧失声痛哭。

到了英国之后，毛姆的生活被乌云笼罩，他不喜欢自己的叔叔婶婶，毛姆形容叔叔的性格是"刻薄冷漠"，在英国上学后因为语言不通、口吃，加上身材矮小，他遭受到同龄人的羞辱嘲笑，他的性格变得孤僻内向，不会表达自己的感受，不能接受别人的亲密行为。

"当我成了当时最受欢迎的剧作家时，我被过去生活中那些丰富的回忆萦绕。他们如此频繁地出现在我的梦里，出现在我散步时，排演时和宴会上，以致成了我很大的精神负担。因此，我想，摆脱他们的唯一方法，是把他们统统写进一部小说里。"毛姆在《人性的枷锁》一书的序言中这样写道。

成年后的毛姆很快就在欧洲文坛有了名声，与各类人周旋，但是他却难以获得真正亲密的关系，一生周旋在已婚妇女、同性伴侣、好友妻子等诸多情人之间。20世纪80年代，一位名叫特德·摩根的作家出版了《毛姆传》（在我国翻译为《人世的挑剔者——毛姆传》），里面有一段这样的分析："毛姆为他母亲的死感到一种难解的内疚，他可能正是以口吃来惩罚自己。"

失去重要的依恋对象，年龄过小的幼儿还不能完全理解什么是暂时离开，什么是永久离去，但是四五岁以上的儿童就能认识到这两点的差别了。当面临这些情况时，无论是父母离异或离世，很多孩子会产生强烈的不真实感，如果没有有效的心理疏导、情绪宣泄，很多儿童会表现出恐惧、孤独、忧虑、敏感、脆弱、自卑、胆怯，更甚者出现性格孤僻、行为退行，如年龄较大的孩子尿床、咬指甲；过度依赖目前的抚育对象，也有一些孩子出现了长期情绪问题，甚至会有自伤或伤人行为。

也有一些儿童会出现性别角色认同障碍。性别角色是指以性别为标准的角色划分，即一种符合自身性别的行为模式，很多儿童或成人无法接纳自身性别，如女孩打扮得像个"假小子"，男孩则喜欢穿裙子、高跟鞋和女生玩耍。幼儿期是性别角色认同发展的关键时期，如果存在同性别家长的缺失，只有异性别家长的抚育，在长时间潜移默化的影响下，儿童很容易淡化本身性别的一些行为表现，加深另一性别的表现；也有一些家长因难以调和的矛盾离异、相互憎恨，抚育儿童的异性别家长很容易在孩子面前表现出对同性别家长的厌恶，造成儿童厌恶本身性别。

八、霸凌

现在越来越多的青少年因情绪问题前来就诊，监护人或者患者本人常常会为自己的心理问题找出一些诱因，而其中最多被提及的就是校园霸凌。

20 世纪 70 年代，挪威伯根大学心理学专家丹·奥维斯提出了"霸凌"一词，并给霸凌下了定义。霸凌是指长期重复暴露于一人或多人的负性行为之下。负性行为可以通过躯体攻击、言语攻击或其他方式进行，具体而言，常见的躯体攻击包括恶意殴打、损坏他人财物等；言语攻击包括取绰号、辱骂、威胁等；其他方式包括做鬼脸或淫秽手势、人际排斥（如组成小团体孤立排挤某人）。霸凌不同于朋友间的打闹，而是强调双方力量的非均衡性，处于劣势的一方基本没有反抗能力。这段话中揭示了霸凌的3个特点，即"故意性""重复发生性""力量非均衡性"。

调查结果显示，被霸凌者主要有三大类型：体弱、人际交往差、外表不受欢迎。霸凌者大多自卑、内向或情绪不稳定，他们通过霸凌获得"假性自尊"和他人的肯定。有证据表明，在学龄期有霸凌行为问题的儿童在成年时可能会继续表现出更严重的犯罪行为，例如杀戮、与性有关的攻击、破坏公共财产或种族攻击。

当然，霸凌行为对被霸凌者的影响是直接的，也是最严重的。被霸凌者因力量不均衡、恐惧、怕被报复等因素无法反抗霸凌，选择默默忍受一切，承受着心理的压力和痛苦，提心吊胆，过度警觉，总会担心自己被再次伤害或有其他不好的事情发生。有些人甚至讨好霸凌者或成为霸凌者的帮凶，也有些孩子为了缓解自己的紧张情绪，会出现成瘾行为，如毒品、网络成瘾，也会出现暴饮暴食。

九、社区暴力接触

社区暴力接触是指在社区中（如小区、村庄），个体通过听说、目睹或直接遭遇等方式接触暴力事件，个体与暴力者无密切关系，社区暴力接触还包括性侵、入室盗窃、抢劫、殴打行凶及携带武器等行为以及青少年拉帮结派、吸毒等社会问题。

十、集体暴力

集体暴力是指两个群体之间的相互伤害或一个群体对另一个群体的伤害行为。其中包括战争、恐怖主义和政治冲突、种族屠杀、镇压、酷刑及有组织的暴力犯罪（如帮派斗争）等。

每个人都值得拥有一个美好的童年，但有些人想到童年都难以回避某些痛苦的回忆。比起童年，每个人更值得拥有一个美好的人生，如何与自己的童年和解，或者将童年不美好的部分整理打包放在角落，不让童年牵绊未来的路，我们将会在后面的章节具体探讨。

第二节 | 感情创伤

电影、小说中的爱情故事总是让人充满向往。人们在少年懵懂时渴望获得浪漫美好的爱情，幻想爱情的发生，经历了暗恋、告白或者相识、相知，最后相恋的两人走到了一起，童话故事中总是写道：最后王子和公主幸福地生活在一起。但是现实生活常常不像我们想象中那么美好，现实生活的爱情、婚姻中存在很多困境，有部电影的台词是："婚姻怎么选都是错的。"也有人说，"即使最好的伴侣，婚内也有五百次想要离婚的冲动。"

作为人类生活中最亲密的部分——家庭，带来的伤害往往也是最大的，争吵、婚内躯体虐待或情感虐待、出轨、离异、离异后经济纠纷、离异后子女抚养问题……问题层出不穷，除了精力的消耗、财物的损失，还有躯体的伤害，精神的伤害，很多人在经历婚姻后变得千疮百孔，无法重新开启新的生活。

下面，我们将就婚姻中出现频率较高的创伤事件进行探讨。

一、家庭暴力——躯体虐待

根据 2016 年 3 月 1 日起施行的《中华人民共和国反家庭暴力法》中的第一章第二条："本法所称家庭暴力，是指家庭成员之间以殴打、捆绑、残害、限制人身自由以及经常性谩骂、恐吓等方式实施的身体、精神等侵害行为。"家庭暴力是指在共同生活的人（尤指配偶）中，一人对其他人或相互间在躯体、心理或性方面的虐待。包括躯体虐待、情感虐待和性虐待。在此小节我们主要讨论躯体形式的暴力。

奥地利诗人艾利希·傅立特的一首名叫《暴力》的诗写道：暴力不是开始于一个人卡住另一个人的脖子，它开始于当一个人说："我爱你，你属于我！"

在亲密关系中，暴力实质上代表了对关系的掌控感。当施暴者感到对方无法掌控，或有意离开自己，或不按照自己的想法行事，为表现出自己对这段关系的主导，施暴者便会以爱之名实行暴力。暴力有时也并不是一蹴而就，最初的试探、原谅，再试探、再原谅，一次次恶性循环让施暴者在关系中获得越来越多的掌控感，从而导致更加频繁的暴力发生。

有一位患者就诊时向我讲述了老公对她的态度改变，"恋爱时我们也经常吵架，有时是我无理取闹，每次都是他来哄我。结婚之后，有一天因为一件小事，我向他发脾气，他突然扇了我一巴掌，我当时就愣住了，但之后他依旧像恋爱时那样哄着我，说他当时太生气了，我想到之前的美好，再加上也反思自己是不是无理取闹，原谅了他。后来即使没有原因，或者只是因为他心情不好，他也会摔东西，手边有什么就砸到地上，有时会直接砸到我的头上，如果因为我做了什么没让他满意的事儿，他就会直接打我，拽着我的头发往墙角上撞。"

"第一次被打，我一下就蒙了，不知道发生了什么，后来我就不停地哭泣，看到他就会害怕，我对眼前这个人一点都不熟悉，我也想过离婚，但是想到孩子、两边的老人，家里亲戚的议论，我就犹豫了，之后的一次次，我除了愤怒、失望，还有恐惧，我常常反思自己是不是真的做错了什么。"

"在他旁边的时候我很紧张，我会特别警惕，生怕自己做错事、说错话，他不在的时候我心情很不好，做什么都没有意思，带着孩子也会走神，孩子喊我几次我才能反应过来，想起那一幕幕我就忍不住痛哭，把孩子都吓到了……"

家庭中的施暴者多是对孩子施暴的父母（前面儿童躯体虐待章节曾探讨过），以及亲密关系中的男性，当然也有一小部分家庭暴力施暴者是女性。

无论是男性还是女性，我们首先要探讨一下具有哪些特征的人更容易实施暴力。

（1）施暴者成长过程中存在童年躯体虐待、忽视等情况，其父母往往存在酗酒、精神疾病、被监禁等情况。

（2）个人性格缺陷。如喜怒无常、冲动控制能力差、敏感多疑、自卑善妒、控制欲强、固执刻板、大男子主义、以自我为中心，以及在工作中或与外人交往时习惯压抑自己等，以及某些人格障碍患者。

（3）患有精神障碍。如躁狂发作、双相情感障碍、精神分裂症患者，或酗酒、吸毒等物质滥用患者。

（4）面临工作、经济压力，如失业、工作受挫、人际受挫、一个人工作养家。

家庭暴力中的受害者中只有 1/3 的人会告诉亲属、闺蜜真相，报警的更是为数甚少，更多的人选择隐瞒，独自承担身体的疼痛和心理的创伤。因此罹患抑郁、焦虑、创伤性应激障碍的患者在门诊中属实很多，有些人曾有过自杀行为，也有些人有杀害配偶的念头。

鲍恩在家庭治疗理论中提到弱者和强者的概念，他认为自我分化较弱的人常被情绪牵引，不能理性判断，他们一方面在寻找认同，另一方面又因极度敏感而无法调控理智和情绪而做出伤害对方的事；强者则可以平衡理智与情感，维持良好的人际关系。鲍恩口中的自我分化较弱的人，除了施暴者，也包括一部分受虐者。这部分受虐者为了寻求爱、寻求认同，宁愿被施暴，也不愿独自面对生活。从起居饮食、言行举止或性等多方面满足施虐者的要求，无法拥有自己的生活，所做的一切都是为了讨好施虐者，施虐者开心，受害者就开心；施虐者生气，受害者就紧张到坐立不安。

如果你的配偶是这种类型的人，情绪不稳，言语冲动，或对你有肢体冲撞，当面对配偶时你感到恐惧、紧张、担心、压抑，想尽力讨好时，你要警惕遭受躯体虐待的可能，重新评估你和伴侣的关系；如果他已经出现躯体暴力，我要提示一句，所有的躯体暴力都不应该被当作家事来解决，必要情况下需要报警处理，在此之余，应该通过自助和求助的方式获得心理支持。

二、家庭暴力——冷暴力

上面我们提到了家庭暴力中的躯体虐待，除了躯体虐待外，家庭暴力中还存在一种形式——情感虐待，情感虐待也就是我们常常说的冷暴力。

我们先观察一段情侣间的对话，看看日常生活中你和你的伴侣是否也曾出现过类似的对话。

女孩："最近我的工作好忙啊，每天下班还要写论文，咱们计划下周日要去环球影城，我怕自己没时间去，要不咱俩换个时间，下个月去行吗？"

男孩："哦……"

女孩："我答应你，下次一定排好时间，这次是我不对，我请你吃饭吧？"

男孩："随便吧。每次不都是听你的吗？"

女孩："哎，我也不想啊，我这不是赶紧提前跟你说吗？"

男孩："算了算了，谁都比我重要。"

女孩："当然你重要啊！如果时间允许，我当然很想去……这样吧，如果你特别想下周去，我尽量调出一天，我这几天加个班，怎么样？"

男孩："我可没这么说啊，我可不敢耽误你的时间。"

女孩："你还生气啊，你怎么了？"

男孩："我怎么了你还不知道吗？我可不敢生气。"

女孩："那你到底打算怎么样？我跟你道歉你也不满意，我说调时间去你也不高兴。"

男孩："你看吧，我跟你开个玩笑你就发脾气，真是小心眼。"

看到这段对话让你有什么感觉，是感觉快要窒息，还是感觉很熟悉，可能很多人都面临过这样的情景。如果外人没有听到对话，看到的画面中只有女孩在发脾气，但是身处其中便会发现男孩的每一句话都像一把冰冷的刀子，冷漠、刻薄、推卸责任。

法国著名精神分析学家玛丽 - 弗朗斯·伊里戈扬写过一部著作《冷暴力》，这本书中将冷暴力分为 8 种类型，有意思的是，他引用了很多《孙子兵法》的内容，可见伴侣之间充满了相爱相杀。

（1）拒绝直接沟通：这种情况是我们最常说的冷暴力，就是施暴者（我们暂且将冷暴力的施行者也称为施暴者）不承认问题的存在、不沟通也不解决，有的施暴者甚至不和配偶讲话，受虐者（相较施暴者而言）和施暴者主动谈论该话题时，施暴者会用眼神、行为或其他方式让受虐者感到自己不该说话或者不敢说话。

（2）言语歪曲：施暴者说出模棱两可的话，含糊其词，事后逃避责任；或用说教的形式说出难以理解的话，让受虐者无法理解，如男孩用带有嘲讽言语说出"我怎么了你不知道吗？"让受虐者习惯性地反思自己的错误，产生负疚心。

（3）撒谎：施暴者找出受虐者言语中的逻辑漏洞，颠倒黑白，歪曲事实，找到对自己有利的地方，比如："你昨天晚上一夜没回家，我给你打了十多个电话也没接，你去做什么了？""谁说我一夜没回，我晚上四点回来的，你明明只给我打了五个电话。"

（4）运用讽刺、嘲笑、轻蔑的伎俩：贬低伴侣，看不起他的想法和做法，在别人面前嘲笑受虐者，用玩笑的方式诋毁受虐者。

（5）利用矛盾：制造矛盾的语言和行为，比如明明用力摔门，却说自己没有生气或明明同意一个建议，却露出不开心的表情，让受虐者感到困惑，反思自己的言行，将问题转移到受虐者身上，让受虐者形成"都是我不好"症候群。

（6）否定人格：用言语或非言语的形式对受虐者进行人格侮辱，使受虐者自我否定。

（7）离间与征服：指制造怀疑与嫉妒的暗示，使伴侣痛苦，进而更加依赖自己。

（8）展现强势：为达到主宰的目的，制定侮辱性的"条约"。其中举了爱因斯坦的例子，在照片中他是吐舌头的可爱老人，在婚姻中，他无法忍受第一任妻子米列娃·玛丽克，自己却又不主动分开。为了让妻子主动离开，他给妻子制定了诸多条约，例如不准妻子在家和他同坐，不准妻子和他一起旅行，对妻子说话时妻子要马上回复，甚至要求妻子不要期待丈夫的爱等。

冷暴力与传统两性情感关系中的矛盾与争吵有很大区别。它更具有长周期性、强惯性、施暴者无负罪感等特征，它甚至被当作一种解决问题的方式。

与躯体虐待相同，受虐者中女性数量明显多于男性。多数女性长期生活在被冷暴力的婚姻生活中，或是由于丈夫的性格原因，无原则性问题；或是由于各种客观因素，如孩子、家庭、事业等，无法做出离开的抉择。与躯体暴力相同的另一点是，长时间暴露在家庭暴力阴影下的人群罹患精神疾病或心理问题的概率比在互尊互助的家庭下生活的人群高很多。除了之前探讨的受虐者逐渐变为讨好者外，自信的消磨、自尊的腐蚀也是冷暴力受虐者隐形的伤害。

长久的创伤会从根本上改变一个人的性格，使人变得胆怯、懦弱、自卑、诚惶诚恐、小心翼翼、不敢表达自己的想法、自责、愧疚。如果受虐者有幸脱离这段畸形的关系，也很难立即走出婚恋的阴影，日后逐渐疗愈的人可能会过上幸福的人生，但也有一部分人将这部分阴影带到下一次婚恋关系中。在惯性的人际关系处理方式下，很容易再次吸引施暴者，再次陷入循环中，在潜意识里，受虐者可能想通过下一段的关系挑战并战胜施暴者。也有些人可能吸引到了更懦弱胆怯的人，不知不觉成为新关系中的施暴者，这也如同进入了另一个循环中，无法获得真正的幸福。

三、情感背叛

除了家庭暴力外，在家庭中造成严重裂痕、难以修复，同时在现今社会成了一种很常见的现象，这便是情感中的背叛。

当与爱人朝夕相处，你们拥有过甜蜜温情的时刻，患难时的支持与陪伴，从风雨兼程到柴米油盐，你认为你们只属于彼此，但是有一天你渐渐发现爱人经常会背着你打电话、发微信，回家的时间越来越晚，你有点儿怀疑，但是又赶紧将自己脑海中的念头赶走，说服自己，他只是工作太忙了，直到有一天，你在小区楼下，看到他在车里和异性亲密。

这时，你会有什么反应呢？

（1）僵住：呆愣在原地，无法动弹，无法思考，也无法说话，不敢相信自己看到的一切，仿佛自己从身体中离开，在身体上方望着自己，不知道该如何应对这个场面。

（2）争吵：辱骂、攻击、殴打配偶及出轨对象，发泄情绪。

（3）逃避：当作没有发生过，回避谈论此事，按照之前相处的方式继续生活。

第一次来日间康复病房的时候，小闻明显精神恍惚，注意力难以集中，情绪波动非常大，一提到老公出轨她就会哭得歇斯底里。她说："自从我发现老公出轨后，我不知道我是怎么活下来的，我对老公彻底失望了，每一天我都痛恨过去的自己，我的未来没有希望。"

在一次老公陪同的家庭访谈中，小闻再次崩溃大哭，控制不住地责骂丈夫，数落丈夫这些年不顾家，不陪伴孩子，丈夫低着头默默地听着，当我们询问丈夫有什么想法时，丈夫说建议小闻能够扩展一下社交圈。小闻听到后顿时崩溃，大哭："你凭什么让我改变，我就是因为你才没有了朋友，你在外面认识那么多人，还乱搞，你凭什么要求我？"丈夫只得低头沉默不语。

不只是小闻，很多被出轨的人都会出现非常复杂的心情。

（1）无价值感：小闻和她的老公白手起家，成立了一个小公司，公司稳定了，小闻当上了家庭主妇，她把所有对未来的期望都寄托在老公身上，老公的成功就是自己的成功，她和老公是一体的，但是老公有了外遇，自己被老公排除在外，变得可有可无，没有价值，否定自己的人生。

（2）恐惧：小闻所有的经济来源和情感寄托都是放在家庭中，老公、孩子就是小闻的全部，小闻恐惧失去现在所拥有的一切。即使现在两个人没有离婚，但感情不再如从前，小闻也恐惧两人最终会越走越远，貌合神离。

（3）愤怒：小闻看到老公就想要发脾气，如果老公批评小闻，小闻更加暴跳如雷，小闻认为老公亏欠她、亏欠家庭，她现在没有工作、没有收入、没有社交都是老公造成的，所以她不允许老公有一点的不同意见。

（4）羞耻：当初小闻和老公的甜蜜，如今反而变成了一种讽刺。小闻想到老公和其他女人也像曾经他俩那样亲近，小闻想到的词是"脏""恶心"。因为之前的感情还在，再想到孩子，小闻没有和老公提出离婚，这样的行为也让她感到羞耻。她认为自己是个没有原则、自尊的人，难以原谅自己。

（5）敏感：小闻听到别的朋友讲述自己的家庭，会想到自己不如朋友；看到情侣在路上牵手，也会想到自己曾经的生活，以及现在的痛苦；看到电影中的恋爱家庭场景，小闻会哭得泣不成声。一点小细节都会引起小闻心中的巨大涟漪，情绪久久不能平复。有时别人和小闻说话，小闻也认为是不是别人在嘲笑自己的生活，看不起自己。

情感背叛后要做的第一步是处理情绪，情绪稳定下来才能理智地重新考虑婚姻关系，分析这段关系中彼此的错误，评估自己的需求，尊重自己，正确认识自己，对婚姻做出正确的判断。

四、离异

上述情况都会导致婚姻的其中一个结局——离异。导致离异的原因除了暴力、出轨，还有一些主要的原因，包括中年危机、工作狂、吸毒、酗酒、性格不合、性生活不和谐等。

无论是否在离婚前做好心理准备，很多人在离婚后仍会出现心理危机。大多数人会出现这样的感受。

（1）被否定感：有人会认为离异是对过去生活的否定，对自己人生决策的否定，对感情付出的否定，从而泛化到对个人价值观的否定。

（2）自卑感：有人会觉得离婚后自己变成了失败者，自己在各方面都不如别人，不愿见人，不愿和别人谈论自己的事。

（3）孤独感：白天工作在外感受不到寂寞，但是夜晚回到家，会产生深深的孤独感。

（4）恐惧感：很多离异者常常会给自己预设很多未来的悲惨景象，如孤独终老、自怨自艾、无人养老。

有一项关于离婚的研究显示，离异人士的自杀率是未离婚者的3倍，罹患抑郁症的可能性为未离婚者的四倍。男性与女性在处理离异时心情也有所差异。男性在离婚之初感到放松，没有人约束自己，熬夜玩游戏，找朋友喝酒吃饭也很难说出内心的感受，度过离婚初期，男性因不善倾诉，很多思绪闷在心里，借酒消愁反而适得其反，常常为离婚的决定感到后悔，想要找前妻复合。而女性在离婚之初会感到自卑、孤独，常常不愿让别人知道自己已经离婚，但是随着时间的延长，女性因为善于反思、善于倾诉，常会收获内心的解脱，对有经济收入、不过度依赖的女性来说，她们会逐渐调整自己的生活，重建新生的自我。

很多人因为对上一段婚姻的恐惧，不敢再次走入婚姻，还有一部分人草草开始下一段婚姻，不幸的人常常陷入另一段恶性循环。很多人在经历离婚的重创后会发生性格的改变，有的人会变得偏执、挑剔、封闭、自怨自艾……

第三节 | 职场创伤

小时候，我们常会想象自己长大后会做什么工作，科学家、宇航员、老师、警察……我们对未来的人生充满梦想，如同小时候看到天上的星星，感觉随手就能摘到。随着年龄的增长，我们开始发现，生活的压力和生命的尊严已经让我们喘不过气，星星离我们越来越远，更别提摘到星星，连抬头看一眼星星都是奢侈。

很多人在追求梦想、就业求职的过程中，随时能够调整自己的目标，能够认清现实和梦想的距离。但也有些人，不撞南墙不回头，甚至即使撞了南墙也要头破血流地往前冲，如果最后梦想实现，这的确是一个皆大欢喜的励志故事，但是如果最后梦想无法走进现实，很多人难以承受期待与现实中的落差，造成心理的伤痛。

一、职场中的精神控制

毕业生们踏入社会，找到心仪的工作，暗自努力，期望获得事业的成功。但在职场中，并不是如同上学时一心努力就可以，平衡领导同事间的关系也是很重要的一件事，很多初入职场或埋头苦干的职员面临一种情况，就是职场中隐形的虐待，如今我们常将职场中的精神控制称为 PUA。

职场 PUA 指的是施虐者（可以是领导、带教师傅或等级分明的上级）通过各种非正常手段与受虐者（职员）进行沟通，如讽刺、轻蔑、否定人格、公开批评嘲笑、威胁等进行精神控制，从而摧毁受虐者的自尊，使其丧失自我，扭曲其思维方式，使受虐者整日处于痛苦中，担心犯错，唯恐被辞退，对施虐者的命令言听计从。

小凡是个刚毕业的大男孩儿，因为家人的关系我们认识很久，他一向热情开朗，在之前的一次聚会中，小凡显得郁郁寡欢，因为这是他难得参加的聚会，我们对他最近的状况更加好奇。

"最近好累啊，每天都要加班到很晚。哎，有时我真想要辞职！"小凡的身体透露着疲惫，瘫软地倚在椅子上。能看出来，他不止身体疲惫，心理也同样疲惫。

"我不知道部门经理到底怎么想的，我也不知道怎么做才能让他满意。我花费几天几晚写完了一个方案，经理看了一眼说：'放这儿吧，你刚来公司好好表现，争取转正。'我正开心呢，经理召集大家开会，开会时他点名让我站起来，开始批评我糊弄工作，说我做人态度有问题。我真是百口莫辩，之后我再和他打招呼，他也不理我。这不是一次两次了，基本我上班这几个月总是在这样的循环中度过，我夜里睡不着的时候总是想到他的话，我甚至怀疑自己是不是真的就是这样的人，是不是对待工作不认真。"

"别的同事劝我说经理就是这样的人，他们也遭受过同样的对待，好多人因此离职或者调换部门。但是我刚开始工作，什么工作经验都没有，反复换工作对我以后的职业生涯也是不好的。"

"我现在晚上睡不着，早上醒来第一件事就是想怎么才能不去上班，刷牙洗脸都是敷衍了事，衣服也是抓起一件就穿上。每天在公司我都过得诚惶诚恐，没有让我开心的事，我之前看到过一个新闻，一个日本职员因为不想去上班把自己捅伤了。我甚至也想过这么做。"

"我也想过辞职之后会不会就解脱了、开心了，但是我一想到总要找工作，可能还会面对这样的领导，我就觉得生活永远都没有希望，凑合活着吧，等哪天熬不住了再说。"

小凡到底是罹患了适应障碍或者抑郁症可以之后再评估，但是心理问题肯定是存在了。一个阳光的大男孩短短几个月被工作摧残成了另一副模样。

除了这种常见的职场 PUA 之外，还有一种不那么明显的形式，那就是以看重你的名义，给你布置无法完成的任务，全时间全身心地压榨你。比如把你的加班当作正常，节假日不分时间询问你工作进度。

那么，经历过职场 PUA 的人会出现什么样的心理问题呢？

（1）长期处于自卑的状态，自己做的工作永远得不到认可，永远觉得自己有什么地方做得不够好，对自己的专业能力和处世为人都不自信。

（2）无法拒绝任何要求，不管合理的或者不合理的，能否完成的，都难以拒绝。认为拒绝别人的要求就会遭到对方的否定。

（3）担忧无法完成任务，承接下的任务担心自己做不好，不能满足领导的要求。

（4）犯错后过度紧张恐惧，即使犯了一点小错，也认为自己犯了大错，不敢面对、不敢承担。

当一些人默默忍受职场 PUA 时，也有一部分人不自知地变成了职场 PUA 的施虐者。施虐者大部分是自负、同理心弱、难以控制情绪的人。如何将 PUA 转化成正确的批评教育呢？比如可以指出错误但不进行人身攻击、学会管理控制情绪、学会换位思考等。

二、理想破灭

还记得年少时的梦吗？希望大家心里都有一朵永不凋谢的花。但是很多人经过高考失利、专业抉择、创业失败，心中的花要么枯萎了，要么变成了一根刺扎在心里。

马斯洛认为人生有五种需要，按照层级从低到高分别为生理需要、安全需要、爱与归属需要、尊重需要及自我实现需要。

自我实现的需要指的是发挥潜能、创造力，实现自我理想和抱负的需要。自我实现，在很多人的人生中扮演了非常重要的位置，甚至在某种意义上代表了自己存在的价值，一旦理想消亡，似乎意味着自己被否定，意味着自身的存在失去了价值。实现自我便是将能力在适宜的社会环境中充分发挥，这种快乐难以通过别的渠道获得。

有句话，"没有理想的人和咸鱼有什么两样"。很多不想自我实现的人会觉得生活空虚、无意义。但是错误估计了自己的能力，或者没有天时地利人和的辅助，导致没有完成自我实现的人，往往会因为理想与现实的落差，使心理的天平倾斜。

当理想破灭时，很多人会自我否定，萎靡不振，难以开启一段新的人生旅程；也有的人急于找到新的理想替代原本的理想，幸运的人能够走上适合自己的路，但大多数急迫行事的人走上了错误的道路，导致自己一次次受挫。

第四节 | 家庭变故

苏轼的《水调歌头·明月几时有》中写道："人有悲欢离合，月有阴晴圆缺。"每个人孤独地来到这个世界，最后都是孤独地离开。我们一生中和很多人建立了亲密关系，最后都会面临分离，大部分人能够平和地和亲爱的人告别，但也有一部分人在面对亲人离世时无法承受。

欧文·亚隆认为生命的4个终极命题是死亡、孤独、自由和意义（无意义），而死亡是一个人焦虑的根本来源。每个人都会面临死亡所带来的恐惧，当亲近的人发生意外或因病去世，很多人的悲伤并不局限在那个时刻，而是当发现这个人慢慢从生活中剥离，悲伤会倾泻而下，这种逐渐丧失的感受如果不能正确处理，个体很容易被悲伤情绪吞噬，时间往往不能治愈一切。

余华在《第七天》中写道："亲人的离去不是一场暴雨，而是此生漫长的潮湿，我永远困住这潮湿当中，是清晨空荡的厨房，是晚归漆黑的窗，在每一个波澜不惊的日子里，掀起狂风暴雨。"

美国精神病学协会对这种因亲密的人离世而引发持续且广泛的哀伤反应提出了一个诊断名词——延长哀伤障碍（prolonged grief disorder，PGD），《国际疾病分类标准（第11版）》（ICD-11）中提出延长哀伤障碍多指在至亲之人去世6个月之后出现（儿童和青少年为12个月），一种对至亲之人深切地渴望、想念，并执着于此的观念，并伴有极度的情绪体验（如悲伤、内疚、愤怒、否认、自责），难以接受亲人的离世，感到失去了自己的一部分，不能体验到积极情绪，情感麻木，难以参与社交活动；并且严重影响了个人、家庭、社会、教育、职业及其他重要领域功能。大部分人在亲人去世6个月内都能逐渐恢复，但患有PGD的人持续时间更长，至少6个月。

延长哀伤障碍在那些失去孩子或亲密伴侣的人中很常见。它更有可能发生在亲人遭遇暴力或突然死亡之后，例如谋杀、自杀或事故。持续灾害造成的损失，如近几年出现的新冠感染，也可能导致延长哀伤障碍。

如果在家人去世6个月后，仍持续地感到哀伤、无法缓解，甚至出现下面的症状，那么可能出现了延长哀伤障碍。

（1）仿佛感觉你的一部分已经死了。

（2）不能接受亲人已去世，甚至对亲人的死亡产生了怀疑。

（3）别人不能提及亲人死亡这件事，回避谈及此事。

（4）当提到亲人离世时，情绪强烈痛苦（如愤怒、极度悲伤）。

（5）难以继续生活（无法与朋友交往，失去兴趣，对未来没有计划）。

（6）情绪麻木，情感反应减弱。

（7）感觉生活毫无意义，甚至有轻生想法，想要追随死者而去。

（8）极度孤独（感到和他人是隔离的）。

（9）自责，认为亲人去世是自己造成的，或自己没有及早发现迹象，或在死者生前没有表达出自己的爱。

第五节 | 经历/目睹重大自然灾害

生命本来是无常的，但我们在安稳的环境中太久了，往往会认为目前平静的状态会一直持续下去，我们会觉得悲惨和意外不会发生在自己身上，那是"别人"的事。所以当灾难来临时，我们往往没有预兆，难以接受。

一、自然灾害

自然灾害是指自然界中，给人类生存带来危害或损害人类生活环境的自然现象，包括洪水、台风、地震、海啸及火山喷发等。灾害会导致人群的受伤、死亡，财产损失，家园破坏，扰乱正常的生活，除了这些实质性的创伤外，也会造成人们的精神创伤。

当遇到重大自然灾害时，很多人首先会被"吓住"，即恐惧、震惊、慌乱、呆愣、不知所措，但是求生的意念会支撑大部分人度过最难的阶段，所以新闻中常会报道矿井塌方时，在矿井中独自生存数日的工人；或在地震掩埋的房屋中顽强敲着石头的女孩。接下来，获救的人们会表现出麻木状态，平静叙述着灾害的事实，仿佛与现实世界"分离"，我们常在电视新闻中看到接受采访的灾民平静地说着家中房屋已经倒塌，家中的妻子、孩子在灾难发生时意外去世，仿佛在说其他人的事情。当媒体逐渐散去，灾民们开始独自面对生活，这时受灾的现实感随之而来，很多人可能会罹患创伤后应激障碍，出现一些侵入性症状，如重复体验创伤经历，通过闪回或噩梦等方式出现；警觉增高，甚至出现惊跳反应等，有些儿童会出现频繁的梦魇、分离焦虑等。如果自然灾害发生在经济条件一般的家庭，关于重建家园、修复身体、恢复工作所带来的压力也会侵扰着灾民，带来更多负面情绪，如果失去了亲密家人，独自面对这些压力会让人产生深深的无力感和孤独感。最后，一部分的灾民会逐渐走出灾难带来的阴暗，开始新的生活，但是也有一部分人（缺乏社会支持、经济条件差、个人能力差等）仍无法远离灾难的影响，出现抑郁、焦虑、物质滥用等情况。

在灾难发生时，人类的下意识动作都是逃跑、保护自己。有些人在灾害事件中幸存了下来，家人或朋友可能并没那么幸运，幸存者会认为是自己做错了事，自己应该为别人的不幸承担责任，因而感到内疚、羞耻，这种症状称作"幸存者内疚"。幸存者通过一些有意无意的自我惩罚来缓解内心的痛苦，如不接受他人的帮助，拒绝家庭的温暖，不让自己过上快乐的生活等方式。

二、新型冠状病毒感染

新型冠状病毒感染的出现改变了全世界大多数人的生活状态，那几年间为了大多数人的健康，医护人员、疾控人员和隔离的民众们付出了艰辛的努力，每个人在舍小家为大家的时候，也在默默承受着心理的变化，隔离的不仅仅是身穿防护服的我和戴着口罩的你，而是每个人的心里也渐渐筑上了一堵墙。

焦虑情绪是最先出现的，整日刷最新确诊信息，囤积消毒液，反复洗手，回家就要洗澡，担心自己感染病毒，担心没有防护到位，担心没有监控全面等。长时间出现这种情绪，可能会进一步影响日常作息、饮食、生活、工作及人际交往，最终导致情绪问题，如抑郁症。

在新冠感染流行初期病死率较高的时候，很多人感受到自己对死亡的恐惧，以及看到家人感染病毒时的无助，会产生更加深刻的情绪体验，烦躁、抑郁也会更加突出。美国作家伊丽莎白·库伯勒·罗斯长期致力于死亡及临终的研究，她总结了哀伤的五个阶段，即否认、气愤、讨价还价、消沉并最终接受。

否认，很多人在面临亲人去世、得重病、极端自然灾害等情况时，首先出现的感受是不敢相信、不敢承认，认为周围的一切不真实，像是在做梦，比如怀疑亲人并没有去世只是去旅行了；比如认为自己并没有得病而是医生误诊了。

气愤，当感染者被集中带至定点医院或方舱，密切接触者被带到定点酒店集中隔离，中高风险社区的人被要求居家隔离时，很多人会感到愤怒，为什么要限制我的自由，为什么感染病毒的人是我，甚至把怒气发泄到医护人员或相关工作人员的身上，比如挑剔工作的细节，找碴儿发火，甚至冲动摔物打人。还有一些丧亲的家属会埋怨死者："为什么你这么早就离开了？"或者埋怨医护人员："明明被带走治疗，为什么连最后一面都见不到？"

讨价还价，当人们慢慢接受了被感染、被隔离的事实，慢慢就会出现商讨的情况，比如居家隔离两周时间太长，可不可以一周。或者有的人开始祷告，仿佛在和"神"商讨，"可不可以回到疫情发生之前？"

消沉，当人们发现无论是否认、愤怒、商讨都无法解决问题时，会对未来失去希望，感到无助、无望、沮丧，"疫情会不会永远持续下去？"

最后，当消沉过后，随着时间慢慢流逝，很多人接纳了新冠感染流行的发生，也习惯戴着口罩生活，将生活逐步恢复到正轨。

也有一部分人仍困在新冠感染流行带来的伤害之中，久久不能平复，甚至不愿接受相应的心理咨询与治疗。

第六节 | 其他类型创伤

一、网络霸凌

如今，人们已经离不开网络，网络从虚拟走到现实，网络一方面帮助我们获得信任，拓展更大、更适合自己的朋友圈；另一方面，网络暴力会更加直接、快速地侵扰到他人，由此造成的创伤与现实中遭遇的创伤等同。

网络霸凌通常是指一个人或一个团体利用社交媒体，如微博、抖音等评论区讨论区、个人微信或微信群、网络聊天室、电子邮件或其他电子通信方式通过公开或私下的方式骚扰另一个人。

如果你曾经或正在通过社交媒体接收到这样的消息，那么你可能经历了网络霸凌。

（1）言语侮辱，包括威胁、侮辱人格、造谣中伤等。

（2）图片、视频侮辱，如曝光令人尴尬的或不雅的照片或视频、恶搞视频等。

（3）个人信息（如家庭地址、身份信息）遭到曝光。

（4）收到大量垃圾消息、垃圾邮件，不限内容。

（5）模仿受害者发布消息，如换成同样的头像、用户名发布虚假信息。

二、代际创伤

代际创伤指的是创伤性事件的影响不仅局限在当事人身

上，常常会波及下一代甚至再下一代。代际创伤犹如遗传性疾病一样，被写入基因中，一代代后人即使没有接触到曾经的创伤性事件，也会产生类似的创伤体验。

代际创伤主要以症状的方式进行传递，弗洛伊德将其称为强迫性重复，如被情感忽视的祖辈抚养长大的父母，往往也会对自己的孩子情感忽视。后代也常常会因需要处理上一代人的负面情绪，导致自己出现情绪问题。

第二章

创伤的症状和发病机制

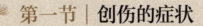

第一节 │ 创伤的症状

一、创伤后我们发生了什么

当我们提到创伤，很多人想到的可能是很久以前的某一件事或某一段经历，但创伤留给我们的并不仅仅是这样的记忆，而是深深烙印在身体感知、思维认知、情绪表达中的一种惯性反应。这往往是个体无法承受事件带给我们的影响，无法用自我能力去应对而出现的一系列的心理障碍。但是由于创伤事件严重程度不同，持续时间不同，对个体的影响程度不同，在日常生活和临床中人们的表现也不同。我们应该去了解创伤，了解我们心理状态的变化，在过往生活中抽丝剥茧找到能够打开自己的钥匙。创伤带给我们的伤痛不是我们的错，但是努力地复原却是我们自己的责任。

心理创伤的诱发因素可以是急性重大危险事件包括"天灾"如严重的自然灾害（如地震、野火和洪水）；"人祸"如亲人突然离世或因暴力事件遭受伤害（如被抢劫、枪击、爆炸或强奸、性虐待）等。慢性创伤事件是指多次创伤事件的经历，这些可能是多种多样的事件，例如童年期间面临家庭的虐待或者情感忽视，成年后暴露于家庭暴力或者社区暴力的受害者；再如重大疾病或者手术后的痛苦，重要丧失如失业离婚死亡，生活工作中不公平的待遇等。还有一种复杂性创伤，指人们暴露于多种创伤事件，在慢性创伤事件的影响下叠加重大而急性的应激事件影响，通常具有侵入性，对人际关系产生持久慢性的影响。

二、我们大脑的变化

大脑是一个神奇的机器，我们将眼睛、鼻子、耳朵及皮肤等感觉器官收集到的外界信息传递给大脑，大脑负责分析判断探测危险、加工感知到的环境信息、组织我们的反应。但是创伤事件发生以后，由于应激事件的影响，我们对外界的反应变得迟钝，甚至无法感知周围环境的变化，随即大脑功能也发生改变。

按照巴甫洛夫学派的理论观点：急性严重的应激作用于大脑的神经活动网络，可以导致高级神经元的兴奋、抑制功能紊乱和神经功能的灵活性失调，中枢神经系统为了避免进一步的功能损坏，则往往产生一种自我保护性的抑制功能，这种抑制功能会波及中枢神经系统低级部位的机能，使得一些非条件反射会脱抑制并释放出来，这就产生大脑紊乱的一种状态，使得皮层与皮层下活动相互作用，也就是会表现出在应激事件发生后人体可能会出现的一定程度的意识障碍，过度兴奋或神经过度抑制的状态，或者无目的零乱动作和不受意识控制的情绪障碍等。因此在遭遇急性而重大的创伤性事件后，某些人会在事件发生后出现各异的临床表现，这种意识障碍和认知损伤，可以表现为表情茫然、麻木，意识范围狭窄、不能领会外界信息、难以接触和社交，甚至是持续时间不等的"闪回"症状，闪回症状发生时受创伤事件影响的个体仿佛又完全身临其境，重新体验和反映出事件当下的各种感受。对于创伤后我们大脑的变化可以总结如下。

（1）"情绪脑"掌权：大脑的"情绪脑"可能会接管身体的控制权，促使我们准备战斗或逃跑，而"理性脑"则在脱离危险后逐渐恢复主导作用。杏仁核是负责监测接收到的信息是否事关生死存亡的部位，当面对外界威胁时，杏仁核会工作并促使我们出现紧张、焦虑等情绪。

（2）"情绪脑"作用：在经历创伤事件后，大脑功能紊乱，导致神经递质分泌异常，人的心理和情绪状态可能会受到影响，出现如焦虑、抑郁、愤怒等情绪障碍。这些情绪障碍可能持续数周、数月甚至更长时间，影响个体的日常生活和社会功能。患者可能会出现幻觉、噩梦、记忆减退等症状，这些症状可能会持续数年甚至更长时间。

（3）特异性：需要注意的是，不同个体在经历创伤事件后的反应可能会有所不同，因此需要根据个体的情况进行针对性的评估、治疗和支持。

三、我们身体的变化

创伤后的应激综合征不仅表现在恐惧性焦虑心理状态的改变，同时伴有自主神经系统生理层面的症状，如心动过速、出汗、面部潮红等，但这些变化可能会因人而异，具体需要根据个体的情况进行评估和治疗。

（1）局部反应：这是由于组织结构破坏、细胞变性坏死、微循环障碍、病原微生物入侵及异物存留等所致。主要表现为局部炎症反应。

（2）全身反应：这是致伤因素作用于人体后，引起的一系列神经内分泌活动增强，并由此而引发的各种功能和代谢改变的过程，是一种非特异性应激反应。

（3）心血管方面：心率加快，心肌收缩增强，皮肤、胃、肠及肾等血管收缩，以暂时代偿心血管功能，维持血压。

（4）呼吸系统方面：肺动脉压力增高，动脉血氧分压降低，换气与灌注比例失常，可以出现呼吸加深、加快。

（5）消化系统方面：消化功能减退，表现为食欲差、反酸、烧心等。

一种常见的非特异性适应障碍是创伤慢性刺激后出现的适应障碍，可以表现为社会退缩、躯体不适等症状，既不找医生诊断也不顺从治疗，虽然难以进行日常工作，甚至不能学习或阅读资料，但患者并无焦虑、抑郁、恐惧的感受。

临床案例：女性，36岁，已婚，有一个9岁的儿子。患者近两个月表现为不与人交往，言语比较被动，和家人不交流，每天都躺在床上，不出门，日常就翻看手机，看小视频，不能上班，一谈到上班就会觉得身体不舒服，头晕、头疼，有想要腹泻的感觉，就诊时能配合医生完成精神检查和躯体检查，虽然不愿交谈，但精神检查过程中对答很切题，未发现情绪异常，也未发现其他精神病症状。患者诉说心中总有一个结，就是在工作中经常遭受不公平的待遇，自己工作勤勤恳恳，任劳任怨，但是总得不到领导的赏识，并因此出现职业倦怠、生活退缩的状态。在发现目前状态成因后，针对这种内心的不平衡做过数次心理治疗后，患者能分析自己工作状态和不公平待遇的成因，并能正确对待当前工作关系，逐步恢复正常活动。患者以上症状给予适当治疗，临床显示预后良好。当应激源消失后，一般不超过 6 个月即可恢复正常。

四、我们情绪的变化

1. **创伤体验后情绪的变化多样性**　创伤体验过后，尤其是在急性应激障碍中，经历者可能会存在焦虑、抑郁或者恐惧的情绪。随着创伤事件对自我的影响，个体的情绪可能会经历一系列变化。

一开始，创伤的受害者可能感到震惊、困惑或恐惧。他们可能感到无助或绝望，因为他们无法理解或应对所发生的事情。他们可能会感到悲伤或愤怒，因为他们失去了他们所珍视的东西，或者他们对世界的认识被彻底改变了。如果此时经历者存在回避的症状，同时还会伴有"心理麻木"或"情感麻痹"的表现。整体上给人以木然、淡然的感觉。自己感到似乎难以对任何事情发生兴趣，过去热衷的活动同样兴趣索然；感到与外界疏远、隔离，甚至格格不入；似乎对什么都无动于衷，难以表达与感受各种细腻的情感；对未来意懒心灰，轻则报以听天由命的态度，严重时可能万念俱灰，以致自杀。另外一组症状是持续性的焦虑和警觉水平增高，如难以入睡或不能安眠、警觉性过高、容易受惊吓及做事无法专心等，这时我们就要警惕是否患上了创伤后应激障碍（posttraumatic stress disorder，PTSD）。

在接下来的几个月或几年里，他们可能会经历其他情绪变化。他们可能会感到愧疚，因为他们无法阻止创伤的发生，或者因为他们没有做足够的事情来防止它发生。他们可能会感到焦虑，因为他们担心类似的事情会再次发生，或者他们担心自己无法应对新的压力。

这些情绪变化可能会影响他们的日常生活，使他们难以集中注意力或参与正常的活动。他们可能会感到孤独或无助，因为他们无法与他人分享自己的感受，或者因为他们无法得到需要的支持。

幸运的是，大多数人在经历过创伤后最终会逐渐恢复。他们可能会通过与家人和朋友交流、寻求专业帮助、参加支持小组或参与治疗来克服他们的情绪问题。他们可能会找到新的方式来应对他们的痛苦，并找到新的希望和目标来帮助他们重新建立他们的生活。

2. 创伤体验慢性化后的适应障碍情绪表现　创伤性体验后如果无法正常缓解，并迁延不愈，或者应激源持续影响个体，便可出现适应障碍，可以表现为以下几方面。

（1）焦虑性适应性障碍：以神经过敏、心烦、心悸、紧张不安及激越（严重运动性不安的焦虑）等为主要症状。有关焦虑性适应性障碍的病例不多见，可能与常见的神经病难以鉴别有关，需要临床持续观察。

（2）抑郁心境的适应性障碍：这是在成年人中较常见的适应性障碍。临床表现以明显的抑郁心境为主，可见委屈想哭、整日泪眼婆娑，伴有无望感、沮丧、自责的情绪状态。但严重程度以及持续时间会比重度抑郁发作的症状程度轻。

（3）混合型情绪表现的适应性障碍：表现为抑郁和焦虑心境及其他情绪异常的综合症状，从症状的严重程度来看，不足以构成抑郁发作和焦虑发作的诊断。但是如果诊断此项疾病，则必须除外过去已有的焦虑或抑郁发作。

3. 情绪症状自我监测表　无论我们在经历了创伤性事件的影响后是怎样的生活状态，都需要关注一下自我的情绪状态，我们可以从以下几个方面进行自我觉察。

（1）易受惊吓：患者可能会对创伤类似的情况感到过度恐惧和担忧，甚至在某些情况下会出现恐慌发作。

（2）暴躁易怒：患者可能会感到烦躁不安，容易发脾气或者攻击性增加。

（3）恐惧回避：患者可能会对与创伤事件相关的人、事、物或者场景感到恐惧和逃避。

（4）强烈的愤怒：患者可能会感到强烈的愤怒，甚至会寻找报复的机会。

（5）悲痛抑郁：患者可能会感到悲痛和抑郁，对生活失去兴趣和热情。

（6）无助感：患者可能会感到无助和绝望，认为自己无法应对类似的情况。

（7）自责感：患者可能会感到自责，认为自己应该能够避免类似的情况发生。

如果我们存在以上大部分的情绪症状，或者以上的情绪症状严重影响我们，导致无法正常生活和工作，就需要及时的关注和治疗。

五、我们认知的变化

创伤性事件发生后不适症状可能表现在认知的各个层面，如患者面临、接触与创伤性事件相关联或类似的事件、情景或其他线索时，通常出现强烈的反应，这种反应是由于认知导致的情绪变化或者生理反应。特别是在与应激事件发生相关的特殊日期、相近的天气及各种场景因素都可能促发亲历者的感受。这些变化可能表现在以下情况。

（1）注意力：创伤后，个体可能会发现自己的注意力有所改变。他们可能会更容易分散注意力，或者难以将注意力集中在特定的任务上。

（2）记忆：创伤后，个体可能会经历记忆力下降的情况。他们可能会忘记最近发生的事情，或者难以回忆起以前的经历。

（3）思维模式：创伤后，个体可能会发现自己的思维模式有所改变。他们可能会更加负面思考，或者难以集中精力去解决问题。

（4）情绪智力：创伤后，个体可能会发现自己的情绪智力有所改变。他们可能会更加难以理解他人的情感，或者难以管理自己的情绪。

（5）社交技能：创伤后，个体可能会经历社交技能下降的情况。他们可能会感到难以与人交流，或者难以理解他人的行为和情感。

这些认知变化可能会影响个体的工作和生活，因此需要给予及时的关注和治疗。认知行为疗法可以帮助个体处理他们的情绪和认知问题，并找到更好的方式来应对他们的创伤。

六、我们行为的变化

1. 创伤体验后的急性期行为表现的多样性　当创伤事件亲历者出现自言自语，言语内容凌乱不连贯，词句让人费解的情况我们就要加强观察，随着自我调节能力下降导致病情继续发展，可出现对周围环境的进一步退缩，甚至呈现木僵状态（自发活动减少，长时间内毫无动作，保持呆坐或卧床不起，可有睁眼，但缄默不语）。另外，有的患者则表现为激越性活动增多，如兴奋、失眠、逃跑或无目的的漫游活动。如果我们发现以上症状，则要警惕亲历者出现 PTSD 的可能性。亲历者可能会以各种形式重新体验创伤性事件，有驱之不去的闯入性回忆，频频出现的痛苦梦境，并因此产生回避行为。回避的对象不仅限于具体的场景与情境，还包括有关的感受、情绪、想法及话题，患者不愿提及有关事件，避免相关的一切内容。既往多次经历重大自然灾害或人为恶性事件后的媒体访谈及涉及法律程序的取证过程往往给当事人带来极大的痛苦。

2. 创伤体验慢性化后的适应障碍行为表现　创伤性体验后如果症状无法正常缓解，病症迁延不愈，或者应激源持续影响个体，便可出现创伤体验慢性化后的适应障碍，其行为表现可以为品行异常的适应性障碍。品行异常的表现有对他人权利的侵犯，不履行法律责任，违反社会公德。例如逃学、毁坏公物、乱开汽车、打架和饮酒过量等，多见于青少年。

临床案例：患者为16岁高中男生，父母早年离异，一直在姑姑家寄养。由于多次侵犯女性被拘留，由公安人员带来医院确诊。患者近半年行为异常，表现为酗酒和性骚扰女性，曾两次骚扰女性同学和一次企图侵犯女教师，就诊时情绪不稳定，烦躁易怒，与人交流少，起初就诊并不合作，对问话拒绝回答，后经过男性咨询师的心理治疗，在持久而稳定的治疗关系后逐渐精神检查逐渐合作。患者诉由于记恨母亲才有的行为，由于母亲出轨后父亲另外成家，他一直被寄养在姑姑家中，姑姑家还有一个哥哥，在姑姑家寄人篱下，与哥哥有不同的对待，并受到姑姑和姑父的忽视，不愿再继续上学，并存在过激行为。心理治疗和精神科治疗的共同帮助下患者重新振作精神，戒酒，并帮助他与校方联系给予调整班级，并积极与公安部门沟通解决法律相关问题。此后又经过了2年长程的心理治疗（每周1次），患者完成了高中学习，之后考入某专科学校。经随访，患者此后行为基本正常。

3. 行为症状自我监测表 无论我们在经历了创伤性事件的影响后是怎样的生活状态，都需要关注一下自我的行为状态，我们可以从以下几个方面进行自我觉察。

（1）回避行为：个体可能会采取逃避行为，以避免与某些人或特定场景相关的事物接触。或者选择完全的社交隔离，避免与他人接触和交流。

（2）情绪表达受限：个体可能会难以表达自己的情绪，或者表现出不适当的情绪反应。

（3）重复性行为：个体可能会表现出重复性行为，例如不断整理床铺或反复清洗等。

（4）焦虑行为：个体可能会表现出焦虑行为，例如不断检查门锁或反复确认自己是否已经完成某项任务。

（5）自我孤立：个体可能会选择自我孤立，避免与他人接触和交流，并难以寻求帮助和支持。

如果我们存在以上大部分的情绪症状，或者以上的情绪症状已导致你无法正常生活和工作，就需要及时地给予关注和治疗。

需要特别注意的是，青少年在受应激事件影响后会比成年人需要更长的时间进行调整和缓解，而且可能伴发自杀行为和物质滥用或依赖的问题。对于长期迁延不愈的患者，应考虑应激源是否持续存在，需详细询问生活环境和进行精神检查，与家庭成员深入接触，判断是否存在其他精神疾病的可能性。

第二节 | 关于情绪，我们应当如何去处理

一、情绪是否有好坏

情绪没有好坏，它其实是人体内在的语言，是我们认知的表达，但我们有时候赋予情绪好坏的判断是因为我们主观不能理解情绪的语言意义，就只能用好坏来判断，情绪作为一种心理现象，和我们的认知是高度相关的。虽然情绪没有好坏之分，但是情绪是需要被管理的，因为有时候情绪的出现是会让

人过度消耗，严重者会影响正常生活。情绪管理的基本范畴，就是用理性客观的方法、用正确的方式探索自己的情绪，并且情绪出现后主动积极地对自己的情绪进行研究，然后调整情绪、理解情绪，放松改善情绪。

二、创伤后可能出现的情绪都反映了什么

1. **紧张与恐惧**　急性创伤多因突遭意外导致，事前没有任何心理准备，紧张恐惧甚至濒死感会突然出现，且不知如何应对，或者表现为不言不语、表情淡漠。创伤后紧张和恐惧反应是人体面对创伤性事件的一种自然反应，旨在保护自身安全。这些情绪反应可能包括心跳加速、呼吸急促、出汗、颤抖及身体紧绷等身体症状，以及对外界刺激信息的高度敏感和警觉。然而，这些反应也可能会干扰个体的思考过程，影响判断力和决策能力，使个体难以理性地面对困难和做出适当的选择。如果创伤后紧张和恐惧情绪持续存在，甚至已严重干扰个体的日常生活和社会功能，就可能成为创伤后应激障碍的一种表现。

2. **焦虑**　创伤后焦虑情绪反应是人们在面对创伤性事件时的一种常见情绪反应。这种情绪反应可能表现为持续的担忧、不安等。创伤后焦虑情绪反应还可能包括对特定情境或事物的回避或反应过度等表现，这可能导致个体无法正常地参与日常生活和社会活动。如果创伤后焦虑情绪反应严重干扰了个体的日常生活和社会功能，就可能成为创伤后应激障碍的一种表现。例如在灾难面前，神志清醒的亲历者，多表现出对于未来不确定出现的预期性焦虑，渴望生存、惧怕死亡，怕连累家

人，会产生矛盾心理，以及烦躁不安、焦虑担心等情绪。

3. 悲观失望 创伤的发生可能会导致亲历者突患重病、生理功能受损或丧失某种躯体功能，心理层面会出现无意义感，生活缺乏目标，可表现出情绪低落、沉默寡言、抑郁沮丧等，是人们在面对创伤性事件时的一种常见情绪反应。此外，部分亲历者可能对抢救不合作，甚至拒绝救治。这些反映了亲历者对创伤性事件的感受和心理状态，以及对自己身体状况和未来生活的消极态度。如果这种情绪反应持续存在，可能会对亲历者的身心健康产生负面影响，甚至可能导致抑郁和自杀等严重后果。因此，针对创伤后悲观、失望反应，及时的心理干预和支持非常重要，可以帮助亲历者尽快摆脱负面情绪，重新恢复正常的心理和生活功能。

4. 依赖 在经历过重大的天灾人祸后，亲历者可能会感受到对死亡极度恐惧，渴望生存，视医护人员为救世主。同样也渴望亲人给自己生存信心，极度依赖亲人，更有甚者会不自主地夸大自己的伤痛，期望得到他人更多的关注。创伤后这种依赖情绪反应是人们面对创伤性事件的一种常见情绪反应，与安全感缺失和自我效能降低有关，通常表现为对他人过度依赖、寻求过度关注和安慰等。这些反应可能会干扰个体的日常生活和社交功能，影响其自我发展和独立性。如果这种情绪反应持续存在，可能会使个体难以摆脱创伤性事件的影响，甚至可能导致长期的心理依赖和康复困难。因此，针对创伤后依赖情绪反应，及时的心理干预和支持非常重要，可以帮助个体逐渐恢复自我价值和安全感，提高其独立性和自我发展能力。

三、利用情绪了解自己

首先我们要知道什么是情绪？我们常说的情绪包括愉悦、悲伤、愤怒、焦虑、恐惧等。而情绪的产生来源各不相同，有时是由于生理原因，有时则是由于心理原因。通过情绪了解自己是一种非常重要的能力。情绪是我们内心对外界事物的反应和感受，它能够反映出我们的需求、价值观和情感状态。通过深入了解自己的情绪，我们可以更好地认识自己的内心世界，并更好地应对生活中的挑战和问题。

1. 了解情绪对我们有哪些帮助

（1）了解自己的情绪可以帮助我们更好地管理情绪。我们要主动意识到情绪管理的重要意义。当我们的情绪受到影响时，我们的思维和行为也将受到影响。而情绪管理的关键是学会冷静思考。当我们感受到强烈的情绪，我们的认知会被情绪影响得片面和偏激，如当愤怒或恐惧时，我们需要冷静下来，并思考该如何应对这种情绪，并采取正确的行动，我们可以先暂时离开容易产生痛苦体验的环境，冷静下来思考，继而想到解决问题的办法，再来化解冲突矛盾。当我们了解到自己的情绪状态时，我们可以采取积极的措施来缓解情绪，有时候适当地表达出来可以起到缓解情绪的作用，或者进行深呼吸、放松训练或寻求支持等。这样可以帮助我们更好地控制情绪，避免情绪失控或爆发。

（2）了解自己的情绪可以帮助我们更好地与他人沟通。当我们能够识别和理解自己的情绪时，我们也可以更好地理解他人的情绪和需求，从而更好地与他人沟通和交流。这种能力可以改善我们的人际关系，增强我们的社交技能和领导能力，从而帮助在创伤中的我们寻求更多的情感支持。

（3）了解自己的情绪可以帮助我们更好地发展自己。当我们能够深入了解自己的情绪时，我们可以更好地了解自己的兴趣、价值观和目标，理解在创伤中真正伤害我们的是什么。这是我们如何从创伤中尽自己所能尽快走出来的关键。这样也可以帮助我们更好地规划自己的人生，实现自我价值和目标。

2. 如何了解情绪

（1）自我观察：注意自己在亲历创伤事件后的情绪变化，并尝试记录下来。观察自己在不同时间不同情境下的情绪反应，了解自己在创伤体验后最常出现的情绪类型和触发因素。

（2）感受记录：在经历创伤后，注意自己的情绪变化并尝试记录下来。可以记录在日记本上，也可以使用手机或电脑等电子设备进行记录。记录内容包括情绪的类型、感受、触发因素及持续时间等。并可以按照自己的记录绘制情绪曲线。

（3）情绪词汇：学习并掌握一些与当下心境相符的情绪词汇，例如快乐、悲伤、愤怒、恐惧、厌恶及惊讶等。这些词汇可以帮助你更好地描述自己的情绪状态，从而更好地了解自己的情绪。

（4）情绪调节：尝试调节自己的情绪，例如在出现痛苦感受的时候通过深呼吸、放松训练、冥想及运动等方式来缓解负面情绪。在调节情绪的过程中，也可以寻求专业人士的帮助，例如心理咨询师或精神科医生等。

（5）社交互动：与他人交流并分享自己的情绪体验。在沟通中表达自己的看法，并尽可能地让别人理解我们的立场，如果愿意可以分享自己在创伤事件经历过程中自我的情绪变化，这可以帮助你更好地了解自己的情绪，并获得他人的反馈和建议，从而更好地管理自己的情绪。

（6）化解矛盾：我们需要学会应对矛盾，这种矛盾不一定是现实生活中的，也可能是心理状态的矛盾。在经历创伤过程中，冲突和矛盾是难以回避的话题，我们需要学习如何处理和化解矛盾，以及如何在不伤害他人的前提下找到平衡点。

四、情绪与认知的关系

情绪和认知之间有着密切的关系，情绪是对一系列主观认知经验的统称，是以个体愿望和需要为中介的一种心理活动。认知，是指人们获得知识或应用知识的过程，或信息加工的过程，它们相互影响、相互促进，同时也相互制约。

1. 情绪影响认知　情绪可以影响认知的过程和结果，例如，当人们感到焦虑或愤怒时，他们的注意力可能会更加集中在负面信息上，而忽略掉其他更为重要和相关的信息，造成认知偏差。同时，情绪也可以影响人们的决策过程和行为选择，例如在感到生气或害怕时，人们可能会做出更为保守或者过激的决定。

2. 认知影响和调节情绪　认知过程可以影响情绪的产生和表达，如对同一事件的不同认知方式可能导致不同的情绪反应。例如，当人们对自己的能力有清晰的了解时，他们可能会更加自信地面对挑战和困难，从而减少不必要的担忧和恐惧。抑或对失败的解释方式不同，可能产生的情绪也不同。此外，认知可以调节情绪，通过理性的思考和分析，人们也可以有效地控制自己的情绪反应，避免因为情绪失控而做出冲动的行为。如此处理和控制自己的情绪，可以提高情绪的稳定性和积极性，增强生活的幸福感。

3. **情绪和认知之间相互作用**　积极的情绪可以提高人们的认知灵活性和创造性，有助于创造新的想法和解决问题。而负面情绪则可能影响认知的质量和效率，降低人们的注意力、记忆力和决策能力。总的来说，情绪和认知是相互影响的，它们之间的关系是密不可分的。在日常生活和工作中，我们需要综合考虑它们之间的关系，以便更好地管理自己的情绪和提高认知能力。

第三节 | 究竟是心理问题还是精神疾病

一、如何判断是否需要就医

在我们为自己评估诊断之前，需要了解到临床中有这样一类疾病，称为心因性精神障碍，它是一组心理社会因素所致的精神疾病。

这类疾病发生和发展的三要素为：创伤性生活事件或不能适应的环境；个体的易感性和相应的脆弱敏感性；文化传

统、教育水平及生活信仰等。以上三要素作为基础从而引起情绪反应或某些精神异常，但其严重程度并未达到抑郁症或焦虑症的诊断标准。其中，重大的创伤性生活事件包括以下几种。

（1）突如其来且超乎寻常的威胁性生活事件是发病的直接因素，应激源对个体来讲是难以承受的创伤性体验或对生命安全具有严重的威胁性。应激源多种多样，大体上可分为下列几项：①严重的生活事件如严重的交通事故；②亲人突然死亡，尤其是配偶或子女；③遭受歹徒袭击；④被奸污或家庭财产被抢劫等创伤性体验。

（2）重大的自然灾害如特大山洪暴发；大面积火灾或强烈地震等威胁生命安全的伤害。

（3）战争场面，据第二次世界大战有关报道，当交战双方进行短兵相接的激烈战斗时，由于遭受炮击、轰炸，甚至经历白刃战，部分战斗中的士兵可发病。

上述各种应激源，无疑是发病的关键所在。可事实上并非大多数遭受异乎寻常应激的人都会出现精神障碍，而只是其中少数人发病。这就表明个体易感性和对应激事件的应对能力有一定差异。因此，在分析具体病例时，要对应激源的性质、严重程度、当时处境、身体健康程度和个性特点等进行综合性分析及考虑。

还有一类创伤性的体验，他们并没有遭遇超乎寻常的严重的创伤性事件，而是需要面临生活中可能遭遇的生活事件，也就是我们所说的可能造成适应性障碍的应激源，可以是一个

（如丧偶），也可以是多个（如事业上的失败和亲人伤亡接踵而来）。应激源可以是突然而来的（如自然灾难），也可以是较慢的（如家庭成员之间关系的不融洽）。某些应激源还带有特定的时期，如新婚期、毕业生求职期，离退休后新生活适应期等。应激源的严重程度不能直接预测适应性障碍的严重程度，在同样的社会生活，同样的应激源作用下，有的人适应良好，有的则适应不良，并不是所有的人都表现适应性障碍。因此需要结合应激源的程度、性质、是否可逆和持续时间，以及个体的处境和性格特征等方面的情况。例如面对明显作用的重大应激源，像被扣作人质、遭受恶劣的非人道待遇，此时情绪或行为方面的障碍则难以避免。此外，由于青少年的脆弱性，对应激源的体验较深，也是危险因素之一。适应性障碍也可发生于一个集体，如学校、自然灾害人群等。

适应障碍的创伤性体验下，多发病于应激性事件发生后1～3个月。患者的临床症状变化较大，而以情绪和行为异常为主，常见焦虑不安、烦恼、抑郁心境、胆小害怕及注意力难以集中、惶惑不知所措和易激惹等。还可伴有心慌和震颤等躯体症状。同时，还可出现适应不良的行为而影响到日常活动。患者可感到有强烈的适应不良行为或暴力冲动行为出现的倾向，但事实上很少发生。有时患者发生酒或药物滥用。其他较为严重的症状，如兴趣索然、无动力、快感缺失和食欲不振等则罕见。有报道指出，临床表现与年龄之间有某些联系：老年人可伴有躯体症状；成年人多见抑郁或焦虑症状；青少年以品行障碍（即攻击或敌视社会行为）常见；儿童可表现出退化现象，如尿床、幼稚言语或吮拇指等形式。患者的临床相可有优势的症状群，也可以混合症状群出现。

适应障碍与急性应激障碍、创伤后应激障碍该如何区分呢？急性应激障碍与适应性障碍同属心理创伤后应激障碍，两者在病因方面难以说明孰轻孰重。主要区别在于临床表现和疾病过程；急性应激障碍发病迅速，症状多在数分钟到数小时之内充分发展。临床表现变化较大，以精神运动性兴奋或抑制为突出表现，情绪和行为异常为次要表现。有可能伴有一定程度的意识模糊，事件过程完全或片段遗忘。整个病程缓解较快，一般为几小时至一周。创伤后应激障碍与适应性障碍都不是急性发病，创伤后应激障碍表现为创伤性体验反复重现和回避行为，伴有易激惹、惊跳反应等警觉性增高的症状。

二、我们是否可以自我疗愈

心理创伤能否自我治愈，取决于个人的情况和创伤的严重程度。对于一些轻度心理创伤，例如日常生活中遇到的不愉快事件，个人可以通过自我调节来治愈。这包括通过做一些让自己开心的事、转移注意力、适当宣泄等方式来调整自己的情绪。然而，对于一些严重的心理创伤，例如经历战争、性侵犯、车祸等事件后，个人可能需要更专业的支持和帮助来处理和治愈心理创伤。这种情况下，专业的心理咨询和治疗是非常必要的。

总的来说，自我治愈需要个人有足够的心理韧性和自我调适能力，同时还需要面对现实生活中的各种困难和挑战。如果你发现自己无法有效处理心理创伤，建议及时寻求专业的心理咨询和治疗。

如果已经诊断为以下疾病，那我们应该选择什么样的应对策略呢？

（1）急性应激障碍：疾病由强烈的应激性生活事件引起，当患者愿意接触的情况下，可以考虑心理治疗，治疗内容为对症状表现进行解释，讲明应激事件在一生中是难免的，关键问题在于帮助患者怎样有力地应对这些心理应激，如何发挥个人的缓冲作用，避免过大的创伤。同时给患者最好的社会支持，尽快缓解其应激反应。还要调动患者的主观能动性，摆脱困境，树立战胜疾病的信念，促进康复，重新恢复正常社会生活。对某些生活或工作中的实际问题，也应设法予以解决。

在急性期出现激越性兴奋的患者，可以适当使用精神科药物治疗，症状能够较快缓解，便于进行心理治疗。若患者有情绪障碍或睡眠困难，可服用抗抑郁药或抗焦虑药。药物剂量以中、小量为宜，疗程不宜过长。具体治疗方法可参阅本书治疗有关章节。对处于精神运动性抑制状态患者，若不能主动进食，还要给予输液治疗以补充营养、保证每日的热量，并应给予其他支持疗法及照顾。为了减弱或消除引起发病的应激处境不良作用，也应积极调整环境，改善人际关系，生活规律等。要根据患者的具体情况，协同有关方面进行安排，这对疾病康复以及预防复发有良好作用。

（2）创伤后应激障碍：对于 PTSD 患者主要采用危机

干预，帮助患者接受所面临的不幸与应对自身的反应，鼓励表达、宣泄与创伤性事件相伴随的情绪体验。特别是幸存者有强烈的内疚与自责时，应当挖掘应对资源、学习新的应对方式。另外，为患者及其亲友提供有关 PTSD 及其治疗的知识也很重要，还需要注意动员患者家属及其他社会关系的力量，强化社会支持。根据患者症状特点，必要时可以考虑选用抗抑郁药物、抗焦虑药、锂盐等，改善睡眠、抑郁焦虑症情绪、闯入和回避症状。患者有过度兴奋或暴力性的发作时也可考虑使用抗精神病药物。另外，PTSD 患者往往感到外部世界不安全、不可预测、无从把握，心理治疗合并药物治疗拥有比较肯定的疗效，最好在治疗的计划阶段就讨论有关问题。

（3）适应障碍：当应激源消失后，而情绪异常仍无明显好转，则需要进行心理治疗。对青少年的行为问题，除个别指导外，还要进行家庭治疗，定期进行心理咨询是必要的，给予鼓励、保证环境安全等都对康复有支持作用。情绪异常较明显的患者，为加快症状的缓解，可根据具体病情选用抗焦虑药或抗抑郁药。以低剂量、短疗程为宜。在药物治疗的同时，心理治疗应继续进行，特别是对那些恢复较慢的患者，更为有益。

三、如何进行自我评估

自我评估创伤的严重程度可能存在某些局限。例如，个人可能无法准确地识别自己的情绪和行为变化，或者可能会低估或高估自己的创伤程度。还可以采用一些评估工具，例如自评估量表、数字等级评估（numerical rating scale，NRS）等。这些评估工具可以帮助个人更准确地评估自己的创伤程度。自我评估可以参考以下 4 个方面。

（1）情绪反应：观察自己的情绪反应是否强烈。如果情绪反应较轻，属于轻度创伤；如果情绪反应较为强烈，甚至出现情感障碍，属于较严重的创伤。

（2）行为变化：观察自己的行为是否有较大幅度的变化。如果行为变化不大，属于轻度创伤；如果行为变化较大，甚至出现自我伤害、攻击性行为等，属于较严重的创伤。

（3）社交功能：观察自己的社交功能是否受到影响。如果社交功能未受影响，属于轻度创伤；如果社交功能受到明显影响，甚至出现社交障碍，则属于较严重的创伤。

（4）生理反应：观察自己是否有生理反应的变化。如果生理反应不大，属于轻度创伤；如果生理反应较为明显，例如失眠、食欲不振等，属于较严重的创伤。

需要注意的是，个人的自我评估可能存在一定的局限性。因此，建议在自我评估的基础上，及时寻求专业的心理咨询和治疗。专业的心理咨询师可以提供更准确、更全面的评估，并帮助个人制订适合的治疗计划。以下我们提供可以使用的一些量表进行自测。

事件影响量表（IES-R）

序号	条目	从来没有	很少	有时	常常	总是
1	任何与那件事相关的事物都会引发当时的感受。	0	1	2	3	4
2	我很难安稳地一觉睡到天亮。	0	1	2	3	4
3	别的东西也会让我想起那件事。	0	1	2	3	4
4	我感觉我易受刺激、易发怒。	0	1	2	3	4
5	每当想起那件事或其他事情使我记起它的时候，我会尽量避免使自己心顺意乱。	0	1	2	3	4
6	即使我不愿意去想那件事时，也会想起它。	0	1	2	3	4
7	我感觉，那件事好像不是真的，或者从未发生过。	0	1	2	3	4
8	我设法远离一切能使我记起那件事的事物。	0	1	2	3	4
9	有关那件事的画面会在我的脑海中突然出现。	0	1	2	3	4
10	我感觉自己神经过敏，易被惊吓。	0	1	2	3	4
11	我努力不去想那件事。	0	1	2	3	4
12	我觉察到我对那件事仍有很多感受，但我没有去处理它们。	0	1	2	3	4
13	我对那件事的感觉有点麻木。	0	1	2	3	4

序号	条目	从来没有	很少	有时	常常	总是
14	我发现我的行为和感觉，好像又回到了那个事件发生的时候那样。	0	1	2	3	4
15	我难以入睡。	0	1	2	3	4
16	我因那件事而有强烈的情感波动。	0	1	2	3	4
17	我想要忘掉那件事。	0	1	2	3	4
18	我感觉自己难以集中注意力。	0	1	2	3	4
19	令我想起那件事的事物会引起我身体上的反应，如：出汗、呼吸困难、眩晕和心跳。	0	1	2	3	4
20	我曾经梦到过那件事。	0	1	2	3	4
21	我感觉自己很警觉或很戒备。	0	1	2	3	4
22	我尽量不提那件事。	0	1	2	3	4

总分

注：以上是人们经历了心理创伤事件后常有的一些感受，请你阅读每1条目，根据你经历或目击事件后的情况作出回答。每个题都有5个答案供你选择，每个答案表示这种情况在最近2周（14天）出现次数的多少，表中的"它"是指对你来说的创伤性事件。其中1、2、3、5、6、7、8、9、11、12、13、14、16、17、20、22项相加超过9分需要进一步评估检查。得分越高表示事件对人的影响越大。

焦虑自评量表

序号	条目	偶尔	有时	经常	持续
1	我觉得比平时容易紧张和着急	1	2	3	4
2	我无缘无故地感到害怕	1	2	3	4
3	我容易心里烦乱或觉得惊恐	1	2	3	4
4	我觉得我可能将要发疯	1	2	3	4
5	我觉得一切都很好，也不会发生什么不幸	4	3	2	1
6	我手脚发抖打颤	1	2	3	4
7	我因为头痛、颈痛和背痛而苦恼	1	2	3	4
8	我感觉容易衰弱和疲乏	1	2	3	4
9	我觉得心平气和，并且容易安静坐着	4	3	2	1
10	我觉得心跳很快	1	2	3	4
11	我因为一阵阵头晕而苦恼	1	2	3	4
12	我有过晕倒发作或觉得要晕倒似的	1	2	3	4
13	我呼气吸气都感到很容易	4	3	2	1
14	我手脚麻木和刺痛	1	2	3	4
15	我因胃痛和消化不良而苦恼	1	2	3	4
16	我常常要小便	1	2	3	4
17	我的手常常是干燥温暖的	4	3	2	1
18	我脸红发热	1	2	3	4
19	我容易入睡并且一夜睡得很好	4	3	2	1
20	我做噩梦	1	2	3	4
总分					

注：请仔细阅读每 1 条目，并根据您最近 1 周内的情况，独立地、不受他人影响地做出自我评定，从每个条目的 4 个选项中选择适合您的选项，每次评定时间控制在 20 分钟内。如量表总分 > 50 分，则提示需要进一步评估检查。

抑郁自评量表

序号	条目	偶尔	有时	经常	持续
1	我觉得闷闷不乐，情绪低沉	1	2	3	4
2	我觉得一天中早晨最好	4	3	2	1
3	一阵阵哭出来或觉得想哭	1	2	3	4
4	我晚上睡眠不好	1	2	3	4
5	我吃得跟平常一样多	4	3	2	1
6	我与异性密切接触时和以往一样感到愉快	4	3	2	1
7	我发觉我的体重在下降	1	2	3	4
8	我有便秘的苦恼	1	2	3	4
9	心跳比平常快	1	2	3	4
10	我无缘无故地感到疲乏	1	2	3	4
11	我的头脑和平常一样清楚	4	3	2	1
12	我觉得经常做的事情并没有困难	4	3	2	1
13	我觉得不安而平静不下来	1	2	3	4
14	我对未来抱有希望	4	3	2	1
15	我比平常容易生气激动	1	2	3	4
16	我觉得作出决定是容易的	4	3	2	1
17	我觉得自己是个有用的人，有人需要我	4	3	2	1
18	我的生活过得很有意思	4	3	2	1

续表

序号	条目	偶尔	有时	经常	持续
19	我认为如果我死了，别人会生活得更好	1	2	3	4
20	平常感兴趣的事我仍然感兴趣	4	3	2	1
总分					

注：请仔细阅读每1条目，并根据您最近1周内的情况，独立地、不受他人影响地做出自我评定，从每个条目中4个选项中选择适合您的选项，每次评定时间控制在20分钟内。如量表总分 > 53分，则提示需要进一步评估、检查。

症状自评量表

序号	条目	无	轻度	中度	相当重	严重
1	头痛	1	2	3	4	5
2	神经过敏，心中不踏实	1	2	3	4	5
3	头脑中有不必要的想法或字句盘旋	1	2	3	4	5
4	头昏或昏倒	1	2	3	4	5
5	对异性的兴趣减退	1	2	3	4	5
6	对旁人责备求全	1	2	3	4	5
7	感到别人能控制您的思想	1	2	3	4	5
8	责怪别人制造麻烦	1	2	3	4	5
9	忘性大	1	2	3	4	5
10	担心自己的衣饰整齐及仪态的端正	1	2	3	4	5

序号	条目	无	轻度	中度	相当重	严重
11	容易烦恼和激动	1	2	3	4	5
12	胸痛	1	2	3	4	5
13	害怕空旷的场所或街道	1	2	3	4	5
14	感到自己的精力下降，活动减慢	1	2	3	4	5
15	想结束自己的生命	1	2	3	4	5
16	听到旁人听不到的声音	1	2	3	4	5
17	发抖	1	2	3	4	5
18	感到大多数人都不可信	1	2	3	4	5
19	胃口不好	1	2	3	4	5
20	容易哭泣	1	2	3	4	5
21	同异性相处时感到害羞、不自在	1	2	3	4	5
22	感到受骗、中了圈套或有人想抓住您	1	2	3	4	5
23	无缘无故地突然感到害怕	1	2	3	4	5
24	自己不能控制地发脾气	1	2	3	4	5
25	怕单独出门	1	2	3	4	5
26	经常责怪自己	1	2	3	4	5
27	腰痛	1	2	3	4	5
28	感到难以完成任务	1	2	3	4	5
29	感到孤独	1	2	3	4	5
30	感到苦闷	1	2	3	4	5

续表

序号	条目	无	轻度	中度	相当重	严重
31	过分担忧	1	2	3	4	5
32	对事物不感兴趣	1	2	3	4	5
33	感到害怕	1	2	3	4	5
34	我的感情容易受到伤害	1	2	3	4	5
35	旁人能知道您的私下想法	1	2	3	4	5
36	感到别人不理解您、不同情您	1	2	3	4	5
37	感到人们对您不友好、不喜欢您	1	2	3	4	5
38	做事情必须做得很慢以保证做得正确	1	2	3	4	5
39	心跳得很厉害	1	2	3	4	5
40	恶心或胃部不舒服	1	2	3	4	5
41	感到比不上他人	1	2	3	4	5
42	肌肉酸痛	1	2	3	4	5
43	感到有人在监视您、谈论您	1	2	3	4	5
44	难以入睡	1	2	3	4	5
45	做事必须反复检查	1	2	3	4	5
46	难以作出决定	1	2	3	4	5
47	怕乘电车、公共汽车、地铁或火车	1	2	3	4	5
48	呼吸有困难	1	2	3	4	5

序号	条目	无	轻度	中度	相当重	严重
49	一阵阵发冷或发热	1	2	3	4	5
50	因为感到害怕而避开某些东西、场合或活动	1	2	3	4	5
51	脑子变空了	1	2	3	4	5
52	身体发麻或刺痛	1	2	3	4	5
53	喉咙有梗塞感	1	2	3	4	5
54	感到没有前途、没有希望	1	2	3	4	5
55	不能集中注意力	1	2	3	4	5
56	感到身体的某一部分软弱无力	1	2	3	4	5
57	感到紧张或容易紧张	1	2	3	4	5
58	感到手或脚发重	1	2	3	4	5
59	想到死亡的事	1	2	3	4	5
60	吃得很多	1	2	3	4	5
61	当别人看着您或谈论您时感到不自在	1	2	3	4	5
62	脑中出现一些不属于您自己的想法	1	2	3	4	5
63	有想打人或伤害他人的冲动	1	2	3	4	5
64	醒得太早	1	2	3	4	5
65	必须反复洗手、点数目或触摸某些东西	1	2	3	4	5
66	睡得不稳、不深	1	2	3	4	5

续表

序号	条目	无	轻度	中度	相当重	严重
67	有想摔坏或破坏东西的冲动	1	2	3	4	5
68	有一些别人没有的想法或念头	1	2	3	4	5
69	感到对别人神经过敏	1	2	3	4	5
70	在商店或电影院等人多的地方感到不自在	1	2	3	4	5
71	感到做任何事情都很困难	1	2	3	4	5
72	一阵阵恐惧或惊恐	1	2	3	4	5
73	感到在公共场合吃东西很不舒服	1	2	3	4	5
74	经常与人争论	1	2	3	4	5
75	单独一人时神经很紧张	1	2	3	4	5
76	别人对您的成绩没有作出恰当的评价	1	2	3	4	5
77	即使和别人在一起也感到孤单	1	2	3	4	5
78	感到坐立不安、心神不定	1	2	3	4	5
79	感到自己没有什么价值	1	2	3	4	5
80	感到熟悉的东西变成陌生或不像是真的	1	2	3	4	5
81	大叫或摔东西	1	2	3	4	5
82	害怕会在公共场合昏倒	1	2	3	4	5
83	感到别人想占您的便宜	1	2	3	4	5

序号	条目	无	轻度	中度	相当重	严重
84	为一些有关性的想法而感到苦恼	1	2	3	4	5
85	您认为应该因为自己的过错而受到惩罚	1	2	3	4	5
86	感到要赶快把事情做完	1	2	3	4	5
87	感到自己的身体有严重的问题	1	2	3	4	5
88	从未感到和其他人很亲近	1	2	3	4	5
89	感到自己有罪	1	2	3	4	5
90	感到自己的脑子有毛病	1	2	3	4	5

注：请仔细地阅读每1条，然后根据最近1星期内上述情况影响你的实际感觉，在5个答案中选择一个答案。①无，自觉并无该项症状或问题；②轻度，自觉有该项症状，但对测验者并无实际影响或影响轻微；③中度，自觉有该项症状，对测验者有一定影响；④相当重，自觉常有该项症状，对测验者有相当程度的影响；⑤严重，自觉该项症状的频度和强度都十分严重，对测验者的影响严重。该测验适用于中国16周岁以上的人群。超过160分，提示存在轻度心理问题；超过200分，提示存在中度心理问题；超过250分，提示存在较严重心理问题，建议到专业医疗机构就诊进一步评估。

第四节 | 创伤的发病机制

创伤的发生机制复杂，目前认为，人们在受到各种各样的心理、身体创伤后，会在生物学层面发生各种变化（如各种神

经递质、炎症因子、细胞因子、内分泌轴、遗传基因及各种脑
区等），导致出现麻木、警觉性增高等各种创伤后的症状，且
受到创伤人群患各种躯体疾病的概率更大。同时，社会环境及
个人心理也会发生变化，对创伤后的人们产生各种各样的
影响。

本节主要探讨创伤的发生机制，为求读者更好理解，在涉
及相关专业知识时，本篇会通过几个例子来解释创伤的发生
机制。

一、生物机制

1. **细胞因子**　细胞因子是由多种细胞合成和分泌的信号
分子，他们大都是多肽和糖蛋白，什么是多肽和糖蛋白呢？你
们可以这样简单地理解，大家应该都知道氨基酸，许多护肤
品、保健品的广告都会提到这个名词，而氨基酸就是多肽的基
本组成单位，很多个氨基酸通过一定的化学反应组合，就像手
拉手一样，在一起就形成了多肽；而糖蛋白是含有糖链的蛋白
质，蛋白质的基本组成单位也是氨基酸，不过形成的机制更为
复杂罢了。细胞因子的功能主要为调节细胞生长、分化成熟
（分化就是指同一来源的细胞逐渐产生出形态结构、功能特征
各不相同的细胞类群的过程，比如人最初只是一个受精卵，细
胞不断地分化，一部分形成手脚、一部分形成大脑、一部分形
成内脏等）、功能维持（比如人体的消化功能、呼吸功能、免
疫功能等）、调节免疫应答（免疫应答是指机体在受到细菌、
病毒等外界物质刺激后，体内的正常免疫细胞对不正常的分子

进行识别后使免疫细胞活化，活化后的免疫细胞进行增殖、分化，从而产生免疫物质，表达免疫功能，细胞因子也会参与这个过程）、参与炎症反应、创伤愈合等。我们可以看到，细胞因子和人体的大部分功能相关，而当我们受到创伤后，细胞因子分泌就会产生变化，导致神经递质分泌异常，从而产生各种创伤症状。

创伤发生后，下丘脑室旁核（大脑的一个部位，主要分泌激素进入血液循环，调节身体的相关功能）的促皮质素释放激素和精氨酸加压素的合成和释放增加，刺激交感神经系统产生儿茶酚胺，包括去甲肾上腺素（去甲肾上腺素会导致产生一些创伤症状，如过度紧张）。去甲肾上腺素释放的增加可以通过一些机制诱导促炎症细胞因子（可促进炎症发生或增强炎症反应过程）的产生，如白细胞介素 -1 和白细胞介素 -6，而产生的这些促炎症细胞因子反过来刺激下丘脑室旁核的促肾上腺皮质激素释放激素分泌，又再一次刺激交感神经系统产生包括去甲肾上腺素在内的儿茶酚胺，从而形成一个恶性循环。而发生创伤的人群中皮质醇水平持续低于正常，那么为了维持正常水平的皮质醇，我们的身体会通过负反馈调节，刺激具有促进皮质醇分泌作用的促肾上腺皮质激素释放激素增加，但促肾上腺皮质激素释放激素还会促进交感神经系统产生儿茶酚胺，从而进一步加速炎症，使创伤症状更加严重。同时，人群在经历各种创伤后，逐渐变得消极，出现一系列不健康的生活方式，如缺乏运动、不健康的饮食习惯（如暴饮暴食和经常食用快餐）和吸烟，导致身体代谢异常，免疫力下降，使发生炎症的可能性增加。而由于下丘脑 - 垂体 - 肾上腺素轴导致的皮质醇、糖皮质激素受体抵抗，从而导致炎症因子及炎症细胞增加、抗炎因子及细胞减少，导致罹患多种慢性疾病（如循环系统、神经系统、消化系统、骨骼系统或呼吸系统疾病）的风险更高，炎症功能障碍，这可能是导致人体健康水平下降，疾病发生率增加，甚至死亡的原因。所以在创伤后的人群中，促炎症标志物水平明显升高，影响受到创伤后人群的身体健康。

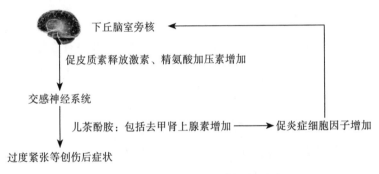

下丘脑室旁核分泌激素对创伤的影响

创伤也会导致罹患自身免疫性疾病和严重传染病的风险增加。自身免疫性疾病（如狼疮或类风湿性关节炎）的发病率在患有压力相关疾病的人群中更高，虽然具体机制尚未清楚，但主要发现与细胞因子分泌异常从而导致免疫功能紊乱相关。

经历创伤后的人群会出现情景恐惧记忆的延长，比如看到或经历相似的场景，或者看到与创伤相关的东西时会出现紧张、恐惧、担心及焦虑等表现，所谓"一朝被蛇咬，十年怕井绳"。海马，是位于大脑丘脑和内侧颞叶之间的一个脑区，主要的功能是存储记忆。研究发现，经历创伤的人群，海马神经细胞（组成大脑的基本单位，大脑里面所有的结构脑区都由它组成，海马也是）自噬增加（自噬，即吞噬自身细胞质蛋白或细胞器并使其包被进入囊泡，可以理解为细胞自杀的过程）、5-羟色胺 3A 受体（5-羟色胺与我们的情绪相关，过少会导致抑郁、焦虑等）表达减少，导致这种情境恐惧记忆的延长。5-羟色胺受体不仅对情景恐惧记忆延长有影响，且阻碍这种记忆的消退，对神经凋亡及焦虑样行为都存在影响。

创伤发生后，多巴胺及多巴胺受体亦会发生各种变化，导致各种创伤症状。大家对多巴胺应该都有所了解，人们常说恋爱就是多巴胺分泌的感觉，确实多巴胺与人类的情欲、感觉有关，但是也和各种各样的精神疾病相关。创伤发生后，大脑多巴胺水平降低，快乐的体验减少了，焦虑、不愉快的感觉增加了。

多巴胺能还会对快感缺失造成影响，纹状体的多巴胺能信号下降是创伤后快感缺失症状的基础，多巴胺能敏感性下降导致奖赏功能不佳，缺乏体验积极情感的能力，以及对奖赏的动机下降。多巴胺能敏感性下降不仅导致快感缺失，也会对创伤人群的显性记忆（自己能够意识到的记忆部分，叫做显性记忆，比如让你描述一件事情，你先想起那件事情，然后把它说出来，有显性当然也还有隐性记忆，比如给你一辆自行车，你想都没想就骑走了，就是隐性记忆）损伤造成影响，当我们能够意识到的这部分显性记忆无法消退的时候，我们就会很难忘记创伤的经历，这很大程度上归因于负责执行认知功能发生的前额叶皮层多巴胺水平的降低。

2. 下丘脑 - 垂体 - 肾上腺素轴及蓝斑 - 交感神经 - 肾上腺髓质轴 下丘脑 - 垂体 - 肾上腺素轴功能低下和交感神经系统 - 肾上腺素髓质轴功能亢进是创伤最成熟，也是最广为人知的生物学异常。

我们首先需要了解一下什么是下丘脑 - 垂体 - 肾上腺素轴，顾名思义，它一定是一条轴，这条轴上面有下丘脑、垂体和肾上腺。让我们先来了解一下下丘脑，以前下丘脑叫做丘脑下部，当然肯定还有丘脑上部，在这里我们就不赘述，下丘脑位于大脑腹面、丘脑沟以下，下丘脑的作用呢，是调节内脏和内分泌活动，它释放许多激素，其中有个叫做促肾上腺皮质激素释放激素的，作用于垂体，当垂体接到促肾上腺皮质激素释放激素后，它就会释放促肾上腺皮质激素，作用在肾上腺，肾上腺接到促肾上腺皮质激素后，便会分泌大量的肾上腺皮质腺素。打个比方，下丘脑好比学校的校长，促肾上腺皮质激素释放激素就是校长下发的指令，垂体就是老师，老师会接收校长的指令，也会下发指令给学生，老师的指令就是促肾上腺皮质激素，肾上腺就是学生，学生接到老师的指令，于是产生学习成果，这个学习成果就是肾上腺皮质激素。下丘脑 - 垂体 - 肾上腺素轴也是负反馈轴，什么是负反馈呢，人体许多的调节都是负反馈调节，这里就是当学生的学习成果，也就是肾上腺皮质激素过多的时候，这时校长，也就是下丘脑，就不会下发过多的指令——促肾上腺皮质激素释放激素，换而言之，就是学习成果越多，校长事越少。

下丘脑 - 垂体 - 肾上腺素轴是很常见的神经内分泌系统，在创伤应激反应和维持平衡方面起着关键作用。它在人们应对各种压力、创伤时被激活，导致肾上腺皮质分泌的糖皮质激素（肾上腺皮质激素的一种）增加；反过来，糖皮质激素通过与下丘脑和垂体的糖皮质激素受体结合，通过负反馈调节自身的产生。上面说到，创伤、应激时糖皮质激素分泌会增加，那糖皮质激素如何影响我们的行为呢？糖皮质激素与惊吓反应、压力有关的行为、记忆、社会识别和反应以及认知障碍有关。所以应激创伤时，下丘脑 - 垂体 - 肾上腺素轴分泌的激素作用于不同受体，影响人们行为的方方面面。

下丘脑 - 垂体 - 肾上腺素轴除了上述的影响外，还对大脑连接也有着一定的影响。压力、应激诱导的下丘脑 - 垂体 - 肾上腺素轴活动中调节肾上腺皮质分泌糖皮质激素，糖皮质激素在改变杏仁核（杏仁核的主要功能是产生、识别和调节情绪，比如我们的开心、快乐、愤怒及恐惧等）对恐惧刺激的反应，以及在情绪处理过程中改变杏仁核和额叶皮层之间的功能连接方面起着随时间变化的作用。

创伤事件还会导致蓝斑 - 交感神经 - 肾上腺素髓质轴失调，在创伤应激时被激活，使机体保持兴奋、警觉，使心输出量增加、血糖升高、功能改善，使机体处于战备的状态，随时应对周围的环境改变。

3. 遗传与变异（单核苷酸多态性） 遗传与变异是许多精神疾病中常见的致病因素，非常复杂难懂，想要弄明白这个事情我们首先需要弄明白什么是基因。带有遗传信息的 DNA 片段叫做基因，这一段 DNA 片段通过各种复杂的过程把携带的基因转录到 RNA 上，然后再在这段 RNA 上循着特定的起点，逐渐将上面的遗传信息翻译称为蛋白质，直到到达特定的终点，蛋白质是组成人体一切细胞、组织的重要成分，是生命活动的主要承担者。以上简述了 DNA 到蛋白质的过程，以求大家能够更好地理解下文。

人们经历创伤后，DNA 基因的一个常见变异就是 rs6265（66 位的氨基酸缬氨酸被蛋氨酸取代），影响海马体积和记忆，与各种神经精神疾病的发生有关，包括创伤导致的精神异常，导致有 rs6265 的创伤人群对暴露疗法的治疗效果不佳。

4. **脑区变化** 前额叶皮层的低活性和杏仁核的相应高活性是功能失衡的重要标志。参与创伤病理生理学的神经结构属于边缘系统，这个区域对人类和动物的情绪处理都很重要。边缘系统中的 3 个脑区在创伤后应激障碍中发生了最明显的改变，已被确定为前额叶皮层、杏仁核和海马，前额叶皮层与情绪有关，杏仁核与情绪调节、学习、记忆有关，海马在创伤事件的明确记忆和对环境线索的学习反应中起着关键作用。在大多数结构性神经影像学研究中，都发现创伤后人群的海马体积减小。与创伤相关的创伤后人群在全脑水平上显示出左前扣带回的灰质明显减少。有几个脑区，包括左前扣带回皮层、左脑岛和右海马旁回体积，在创伤后人群中减小，但是其对症状的影响目前并无一致说法，故不在这里进一步解释。

压力性生活事件与内侧前额叶（主要功能是控制情绪和行

为）、前扣带皮层（与学习记忆相关）的灰质体积减小有关，从而导致各种各样的创伤症状出现。内侧前额叶皮层的激活增加，背外侧前额叶皮层的激活减少，导致经历创伤的人群出现情绪不稳定，行为紊乱等。

二、心理机制

心理创伤通常被认为是超出一般常人经历的事情，会让人感到无助、无能为力，心理创伤大多是突然发生且无法抵抗的，还有一些是我们日常生活中容易忽视的事情，比如感情虐待、忽视、躯体虐待或者暴力等。不同的心理学流派对心理创伤如何影响人们行为、情绪等看法不同，下面将介绍常见的心理流派对心理创伤的看法。

1. **精神分析**　提到精神分析，大家可能觉得很陌生，甚至还有些可怕，但是提到弗洛伊德，大家肯定觉得非常熟悉，甚至还很尊敬崇拜他，而弗洛伊德就是精神分析理论的创始人。19世纪末，奥地利精神科医生弗洛伊德创建了精神分析理论，作为现代心理学的基石，精神分析理论影响了整个心理学乃至人文学科，其影响可与达尔文的进化论相提并论。

精神分析理论提出行为的动机源于强大的内在驱力和冲动，成人行为的根本原因是童年经历所遗留下来的未解决的心理冲突。精神分析理论对创伤也有独到的解释，弗洛伊德认为，创伤从出生起就开始了，婴儿在母亲体内，可以毫不费力地获得营养、并有安全舒适的生活环境，而出生时胎儿需要经历子宫压迫，可能面临脐带绕颈的威胁，而分娩成功后需要自己去呼吸、寻找食物、感受温度的改变和在"不安全"的环境中被转移，这些都会对精神尚未成形婴儿的心理造成巨大的恐惧、不信任、焦虑及无助，此为弗洛伊德所称的"原始性创伤"。弗洛伊德认为被压抑在心理底层的潜意识中的童年痛苦经历，通常会通过梦境或幻想的形式表现出来。但在偶然情形下，如果有与之相关的心理因素出现在意识层面，就可以片段地、不成规律地、改装地表现在日常记忆中。但庆幸的是，我们的意识和经验决不允许这些童年经历"肆无忌惮"地表现出来，因此，它们只能零碎地、不完整地表现出来。

弗洛伊德对创伤的理解分为 3 个不同的主题，需要同时研究，仅仅是研究其中一个是不可能的。弗洛伊德认为创伤发生后，经历创伤的人群的语言功能受到很明显的损害，他们的语言中枢血供较正常的低，记忆也未在海马进行很好的整合，导致他们无法将自己的痛苦经历、悲痛的感觉转化成语言或者其他的符号表达出来，虽然弗洛伊德认为一些人在创伤发生后会通过身体和行为释放能量，导致出现异常的行为，但是对语言功能的损害一直是弗洛伊德的理论核心。第二个核心观点是创伤总与性有关，有很多创伤的发生与性虐待相关，尤其是童年期的性虐待经历，会导致经历者出现创伤后应激障碍及其他精神障碍。第三个核心观点是创伤总与冲突有关，某个创伤处境形成个人难以处理的情绪体验，从而导致不能应对的结果。在创伤处境中，引起情绪反应的正常处理模式，包括肌肉紧张、哭泣、倾诉及心怀不满等情况，如果个体能够成功处理这些状况，那么就不会发生创伤，也不会导致异常的行为等。如果个体不能成功处理，只能选择压抑这种情绪，并将与这种情绪相关的所有想法、画面全部压抑起来，如果在今后的生活中，这些被压抑的想法和画面被激活，就会把以前压抑的情绪一起激活，导致个体再出现一次更强的压抑，进而恶性循环。

2. 行为主义　行为主义理论的代表人物是华生和斯金纳，他们认为行为是个体适应环境变化时产生各种身体反应的组合，有的在身体里（比如腺体的分泌），有的在身体外（比如肌肉收缩产生动作）。他们认为，心理学不应该研究意识，只应该研究行为，行为都是通过学习获得的，也应该通过学习进行修改、增加或者消除。华生曾说过一句很著名的话，相信大家都不陌生。"给我一打健康的婴儿，一个由我支配的特殊环境，让我在这个环境里养育他们，我可以担保，任意选择一个，不论他父母的才干、倾向、爱好如何，他父母的职业以及种族如何，我都可以按照我的意愿把他们训练成为任何一种人物——医生、律师、艺术家、大商人，甚至乞丐或者强盗。"在 1930 年，他们提出新行为主义理论，指出在个体所受刺激与行为反应之间存在着中间变量，这个中间变量是指个体当时的生理和心理状态，它们是行为的实际决定因子，包括需求变量和认知变量。需求变量本质上就是动机，包括性、饥饿以及面临危险时对安全的要求。认知变量就是能力，包括对象知觉、运动技能等。

他们认为行为是个体对周围环境做出的反应，这些行为都是学习获得的，而由于创伤导致的异常行为也是和正常行为相同，都是通过学习获得，也可以通过学习去消除、改变或者建立新的行为模式。当某个事件发生的时候，身体和大脑都会做出反应，反应会根据中介变量（如动机、人格等）不同而不同。神经元之间的联结使大脑记住这个情境、身体反应、情绪反应，地震时的巨响、大地晃动、哭喊声所引起的感觉会与恐惧情绪、抱头和找安全的隐蔽处的动作联系起来，而大脑记住了。下次出现类似情境时，就会做出同样的身体反应和情绪反应，当行为的反应过于强烈，持续时间过长，影响过大，合理行为变得不合理，就会逐渐形成心理障碍。他们认为各种精神疾病都可以被看成机体的行为或活动异常，都可以通过学习去纠正，从而达到治疗的效果。行为主义理论主要的治疗方法有系统脱敏、厌恶疗法、满灌疗法、阳性强化疗法、阴性强化疗法及放松疗法等，但并不是所有行为主义理论的治疗方法都适用于经历过创伤的人群。

3. 人本主义 人本主义理论是心理学的第三大思潮，于20世纪50年代开始在美国出现。主要代表人物是马斯洛和罗杰斯，他们既不同意行为主义的只研究行为却不注重意识，也不同意精神分析理论只研究病态却不注重正常人心理。他们主张的是人的尊严、价值、创造力和自我实现，认为心理学必须从人的本性出发。马斯洛认为人的行为的心理驱动力是人的需要，从而他将人的需要分为两大类，7个层次。

两大类分别是：第一类需要属于缺失需要，可产生匮乏性动机，为人与动物所共有，一旦得到满足，紧张消除，兴奋降低，便失去动机；第二类需要属于生长需要，可产生成长性动机，为人类所特有，是一种超越了生存满足之后，发自内心地渴求发展和实现自身潜能的需要。满足了这种需要个体才能进入心理的自由状态，体现人的本质和价值，产生深刻的幸福感，马斯洛称之为"顶峰体验"。

7个层次是生理需要、安全需要、归属与爱的需要、尊重的需要、认识需要、审美需要及自我实现需要，类似金字塔，从下到上，先满足低层次的需要，才能满足高层次的需要，比如你先满足生理和安全的需要，才能去想满足归属和爱的需要。人本主义的实质就是让人领悟自己的本性，不再倚重外来的价值观念，让人重新信赖、依靠机体估价过程来处理经验，消除外界环境通过内化而强加给人的价值观，让人可以自由表达自己的思想和感情。

人本主义理论关注的是一个人的全部，个体作为整体被人本主义学家去观察，包括人的身体、心理与精神，人本主义强调人的心理与人的本质的一致性、整体性，当人用身体的反应去体现这些经历的创伤时，人本主义认为环境会连接着一个人的全部，一部分改变就会改变所有。他们认为导致心理障碍的根源是价值条件化，所谓的价值条件化是指一种内化了的社会价值观念和行为标准，当价值条件化后人的行为不再受到机体评估过程的指导，而是受到了内化了的社会价值规范的指导，也就意味着人的自我和经验之间发生了"异化"，这就是心理障碍产生的原因。

三、社会机制及影响创伤症状的其他因素

创伤的产生不仅仅受到生物学因素和心理因素的影响，其他许多因素对创伤的产生也会有不同程度的影响，主要包括以下几方面。

1. 经历创伤时的年龄　童年期经历的创伤比在成年时经历的造成更加严重的影响，甚至表现也是不相同的，童年创伤会导致各种各样的表现，体验更加深刻，影响人格的形成和成年后的行事风格等。

2. 性别　女性比男性经历创伤后更容易产生各种症状。有研究表明，暴露于同一创伤事件，女性比男性更加容易产生创伤的症状。

3. 种族　不同的国家、民族、文化及教育背景都会影响创伤的发生，以及创伤的症状，研究表明白人比黑人的创伤易感性更高，而且在不同的文化背景下，经历创伤后所产生的症状也是不一样的。

4. 职业　不同的职业经历的创伤是不一样的，警察、军人会有更高概率经历创伤，所导致的创伤表现及症状也不同。

5. 社会支持　拥有良好社会支持的人，比如有完整和睦的家庭、稳定的职业的人群所经历创伤的可能性较小，且经历创伤后更容易从这些负面的经历中恢复。但是那些孤身一人、身边没有亲人朋友、没有稳定的收入、经济压力较大的人，在经历创伤后很容易自怨自艾，产生各种各样的痛苦的症状。

6. 心理健康状况　不同的心理状况对经历创伤后症状的影响也是不同的，心理状况健康的人群经历创伤后能够积极应对，在经历短暂的创伤后，能够积极恢复，但是心理状况不健康的人群经历创伤后就是雪上加霜，症状会非常严重，且可能不会积极寻求治疗。

许多人在经历言语侮辱、不公的对待、暴力袭击以及性虐待或者强暴后，都会因为自己被侵犯、被玷污、被侮辱而感到羞愧不已，他们觉得自己的尊严及身体被侮辱、受到伤害，会归因于自己很倒霉、很没用，认为自己不够好、不值得被爱，并且不会把这一切归结于施暴者，认为是因为自己的问题所以让自己经历这些事情，从而觉得悲观自责，而身处的社会环境，比如有些人对暴力事件的评论，那些受害者有罪论更是加重这一看法。而当他们受到情感虐待时，比如来自父母的忽视、不闻不问，不断地批评、辱骂，不赞同自己，不关心、不爱护自己，经历创伤的人群会觉得连自己的父母都不喜欢自己，那自己一定非常差劲。可笑的是，当经历这类创伤的人群向周围朋友、亲戚倾诉时，他们也会说此类的话，或者说"没有不正确的父母"，或者劝经历这些事情的人群顺从的言论会再次伤害这些受到创伤的人群，导致这些人群受到伤害后更加坚信自己是糟糕的、无可救药的，甚至因为害怕周围人的再次伤害而选择沉默，在受到严重的身体伤害时都不会选择寻求法律或者警察的帮助，许多经历家暴的人群不愿报警或者离婚也有此类原因。

由他人造成的创伤发生后，许多人会和亲密的人倾诉自己痛苦的经历，比如你在公司被领导大骂了一顿，你觉得自己受到了很严重的伤害，然后向自己的妻子倾诉这件事情。但是有时那个亲密的人并不会安慰你，反而会说你为什么不想想自己的原因，为什么就只骂你一个人？这时你可能会觉得是自己的过错，因为自己不够好，所以发生了这样的事情。或者那个人安慰你说是不是领导没有责怪你的意思，你自己领会错了，这时你会觉得自己是不是真的错怪了别人，自己是诬赖好人的坏蛋等，让自己陷入更深的痛苦和自责当中。

当因为各种各样的原因，使你觉得自己运气差、不够好，甚至觉得自己存在道德问题时，你就会陷入各种各样的痛苦深渊，你会厌恶自己，觉得自己配不上任何美好的东西，如果受到过性侵害，甚至会觉得自己的身体不干净，会产生自伤、自杀等行为。你可能会通过忽视自己的欲望来惩罚自己，认为自己是罪人，需要受到惩罚，从而在寒冷的时候不加衣，饥饿的时候不吃饭等；有些人为了摆脱这些创伤经历对自己的负面影响，会选择喝酒、吸毒、赌博等行为来麻痹自己，但那些都无济于事，甚至会加重自己的痛苦；有些人会有意疏远他人，为了避免再次受到伤害，认为自己只要不和别人亲近，就不会受到伤害；有些人会希望自己永远不会犯错误，这样就不会受到别人的指责；有些人会觉得愤怒，仇恨他人，以同样的行为对待无辜的人，变成一个施虐者的角色，会不由自主地认可以前虐待、给自己带来创伤的人。

在我们的历史长河中，很少人会承认自己经历过虐待，很多人认为，当自己承认虐待时就是说明自己是"自怨自艾""博取他人同情""哗众取宠"之辈；我们很少谈论自己的不幸经历和遭遇，因为觉得说了就是软弱的表现，说了自己就不是坚强的；当我们经历伤害之后，我们会觉得惊慌失措，好像自己才是做错的那个人，不然为什么别人会这样对待自己呢，甚至觉得自己是有缺陷的、道德败坏的；我们的文化一直告诉我们，在经历创伤后要自己一个人咬牙、努力挺过去，然后再出人头地，做出一番大事业，如果不是这样，那些听你创伤经历的人就会觉得不耐烦；如果你反复诉说自己的悲惨经历，别人会觉得你是为了吸引眼球，而不是觉得你是真的特别难受，就像祥林嫂的故事；甚至有人认为，承认自己的痛苦经历，自己就会变得软弱，不思进取。但是许多事实告诉我们，经历过创伤的人们，是没办法马上走出逆境，然后逆风翻盘的。他们往往会经历极多的痛苦坎坷，可是往往还没有人在他们身边给他们支持和鼓励，这样只会导致更加严重的精神心理方面的问题。承认自己痛苦遭遇不是软弱的表现，反而是强大的表现，正视痛苦的人才能更加积极地处理这些经历带给自己的影响，才会让自己变得更加健康，让自己拥有更加灿烂的人生！

很多人甚至不了解自己是否受到了伤害，他们潜意识里面会忘记自己受到的虐待等，甚至有些时候还会怀疑自己，认为自己是否出现了记忆的问题，他们不断地进行自我麻痹，有些人在将自己的经历告知他们信任的人时，他们的一些言论也会让自己产生怀疑，是否自己理解错误，导致其实是一场乌龙？但是自己受那些经历的影响深远，潜意识改变行为，让自己变得追求完美、不出错，不愿麻烦别人，对自己十分苛刻，有着不合情理的高要求，尤其是当自己的行为伤害到别人时，会对自己产生极大的批评。当意识到自己受到伤害后你可能觉得很难接受，会让自己感到悲伤，这时希望你能够及时寻求专业心理治疗师的帮助。

有些人在经历创伤后，会对创伤发生时的场景里面的东西产生恐惧，甚至无法忍受。比如你经历了一场车祸，死里逃生，经过药物治疗后你的身体已经痊愈了，但是你以后看见与车祸时相似的车就会觉得恐惧害怕，让你好像一瞬间回到车祸发生时的场景，好像那件事情又重现一样。再比如你不幸地经历了性侵害，那你可能在以后的生活中遇见相似的人，或者见到其他人与当时那人穿着相似的衣服，或是闻到相似的气味时都会觉得恐惧，就会像是回到了那个无力的时刻。产生这些症状，会让你觉得痛苦不堪，那些事情不断地在你身上重现，感觉自己好像又经历了一遍。出现这些问题时，应及时寻求心理治疗师的帮助。

有时创伤不一定是自己经历的痛苦的事情，有时听说别人的痛苦经历也会导致患者有一些创伤的体验。而经历创伤的人群也会影响他们身边的人，比如从战场回来的老兵会因为自己的情绪波动或者冷漠而吓坏家人，导致家人产生异常的心理；焦虑、抑郁的家人往往会对周围的亲人朋友做出一些暴力的举动，从而导致亲人朋友受到创伤。有些经历了创伤的人群，特别是与他一同经历这些事情的人都因为这件事情失去了生命，他们往往会不承认自己存在心理异常，即使在了解自己确实存在异常情况也不愿意就诊、不愿意服药，他们可能会认为自己去寻求医生的帮助，让自己减轻痛苦是对因此事丧命之人的抛弃，他们的行为会让这些人的牺牲变得毫无价值，从而让他们脱离了现实生活，导致自己一直在创伤事情里无法自拔、无法自救。

第三章

创伤疗愈

第一节 | 创伤可以疗愈吗

创伤是如何造成的？和许多"结果"一样，需要所谓的"天时、地利、人和"。也许你天生容易受伤，也许所处的社会环境不好，或许一下子遭受了超出个体承受范围的变故……若这些因素凑在一起，且没有得到及时支持，就很可能会烙下创伤的印子。

那么，对于创伤我们可以做些什么呢？与努力改变自己的性格、改变社会环境相比，似乎最容易入手的就是改变我们对待"事件"的态度。这种"态度"用专业的术语来表述可能会包含个人的认知行为模式、信息加工偏好、归因方式……这些是我们在成长发展与社会生活中逐步形成的，常常已经成为习惯而很难被察觉，所以改变这些"态度"不是一件容易的事情。好在已经有专门的职业为我们应对创伤。心理治疗师可以帮助我们看见种种我们习以为常，却影响我们生活的"态度"，从而选择适合的方式去应对原有的不可解决的问题；精神科医生将借助物理治疗和药物来从生物神经的角度帮助我们调整情绪状态、回归稳定。下文将从精神和心理的角度介绍一些常见的创伤干预的途径，供大家学习参考，希望对您有所帮助。

第二节 | 眼动脱敏与再加工疗法

一、什么是眼动脱敏与再加工疗法

从 2007 年硕士研究生阶段，我开始关注童年创伤在精神心理疾病发生中的作用。经过多年的临床实践，发现如何干预创伤，以减少创伤对患者的影响，减轻患者的痛苦，具有更大的临床意义。所以，我开始关注创伤的干预办法，这时候眼动脱敏与再加工疗法（eye movement desensitization and reprocessing，EMDR）开始进入我的视线，此后陆续进行了这方面的培训，购买了相关的书籍，并在临床工作中陆续积累了一些案例。在前期工作的基础上，2019 年我的团队获批了一项关于 EMDR 的国家自然科学基金项目，这也是国内第一个获得国家自然科学基金立项资助的 EMDR 项目，这大大鼓励了我们在这一领域继续开展工作。

痛苦可怕的经历，会给人造成终身的心理创伤，使人患上抑郁症、焦虑症等心理疾病。美国心理学家弗朗辛·夏皮罗发现了一种对创伤相关心理疾患有效的治疗方法，即医生用伸出两三根手指来引导患者的目光左右移动，同时进行有关的提问，从而使患者的创伤记忆得到重新加工，让心情平静下来，这种方法称为眼动脱敏与再加工疗法。

当初夏皮罗博士发明这种疗法的时候也是挺偶然的机缘。1987 年的一天，他正在公园里散步，突然间意识到一直萦绕在脑海里的一些消极念头消失不见了。他记不清当时都在想些什么事情，但它们都是跟眼前某个问题相关的挥之不去并让人难以安宁的一些想法，一般情况下都得刻意采取一些具体行动才能改变这些想法。等他把这些想法重新找回来之后，它们已经不具备之前的震撼和分量。总之想到它们时他再也没有什么烦恼了。

夏皮罗当时觉得很吃惊，不知道是什么引发了这种反应，所以他一边散步，一边开始仔细琢磨。他注意到当那种想法浮现在脑海里的时候，他的双眼就会开始以特定的斜线非常快速地来回转动。接着这种想法马上就从他的意识中转移了出去。当他再次将这个想法找回来，他已经失去了当初的力量。这种现象让夏皮罗非常着迷，因此他开始有意这样去转动眼睛。他把困扰他的某件事拿出来思考，然后开始做这样的眼部活动，同样的事又发生了。他的感觉发生了变化。

这种奇妙的经历，激起了夏皮罗博士强烈的好奇心。睡眠对缓解压力有效，睡眠期间发生了快速眼动，会让人联想到清醒期间的眼球运动是否也会产生类似的效果。此后，夏皮罗博士开始进行调查研究，攻读正式的心理学课程，到访工作坊，并在志愿者身上进行眼动实验，不出所料，所有的痛苦记忆，诸如"和家人打了一架""工作上遇到难题""自己做了错误的决定"等带来的困扰都得到了缓解。

为进一步探究这种疗法的科学性，夏皮罗博士开始关注创伤后应激障碍（PTSD）患者，这一人群在经历严重的创伤后（如遭受性虐待或有过作战经历等）容易罹患心理障碍，大家普遍认为这种疾病极难医治。夏皮罗博士的研究证实了

EMDR 对于 PTSD 的效果，此后有超过 20 项科学的对照研究证明了它在治疗创伤性和其他困扰性的人生经历方面所具备的显著效果。世界范围内各种各样的机构，包括美国精神病学协会（American Psychiatric Association，APA）和美国国防部，都将 EMDR 确定为医治心理创伤的有效疗法。

二、EMDR 为何有效

夏皮罗认为，除了由器官缺损、中毒或受伤引起的症状外，精神心理障碍的基础是关于早期生活经历的未加工的记忆，是负性生活事件引起的高警觉状态使原始的情绪、躯体感觉和信念被储存在记忆中；PTSD 患者的闪回、噩梦和侵入性的想法就是由这些记忆触发的反应，EMDR 的双向眼动和再加工的程序化治疗可帮助患者恢复大脑信息加工的平衡，找到适应性解决方案，最终实现自我康复。因此夏皮罗认为，EMDR 的治疗目标不仅在于帮助患者减少焦虑，也包括引出正向情绪、唤起自觉、改变信念和行为。

目前，人们倾向于从生理学和心理学两个角度来解释 EMDR 的作用原理。生理学的解释是从左右脑的角度进行解释的，认为左右脑分别负责不同的功能，创伤事件的发生，破坏了左右脑之间信息的正常传递，EMDR 通过交替性的刺激使动作半球的直观刺激信息能过渡到言语半球去，促成对刺激的表达，从而减轻或者消除 PTSD 患者的有关症状。EMDR 治疗创伤相关症状的效果是通过大脑功能性的改变使大脑左右半球之间的通信得到整合和加强。

心理学角度主要是从心理动力学、行为学和认知行为学 3 个方面来解释。心理动力学的自由联想认为，EMDR 的双侧刺激可以使患者的情感、躯体与认知的联结增加并进一步发掘未被识别的个人记忆之间的联想。心理动力学理论试图从自我和洞察力的角度来解释。该理论认为，在采用 EMDR 对 PTSD 患者进行治疗时，患者改变了自己对创伤事件的陈述，从而促使患者能够以新的视角对待以前的事件。这种转变之所以能够发生，是由于自我以及自我洞察力所起的作用。

认知行为理论认为 EMDR 可以看作是认知行为疗法的一种形式，因为它强调识别和矫正歪曲的认知和功能失调的行为，并且把主要的精力放在创伤事件的暴露上，体现了暴露疗法的一些特点，对治疗结果的概括也采用了行为治疗的概括范式。因此，该理论将 EMDR 看作是患者通过逐步地暴露，建立自信，学习控制 PTSD 症状的过程。行为学认为可通过系统脱敏的结构化自我控制技术（如渐进性心理放松训练和想象暴露疗法）来降低患者的高警觉状态与创伤刺激的联系，进而减轻其面对这些刺激时的反应，因此系统脱敏和延长想象暴露疗法作为 PTSD 患者的治疗手段而被 EMDR 所吸收；认知行为学在行为学经典条件反射的基础上，进一步加入了信息加工模型，认为情感信息加工认知行为学模型是认识 EMDR 标准模型的核心所在。

适应性信息加工模型（AIP 模型）能够较好地解释 EMDR 的工作机制。记忆网络是临床症状和心理健康的基础，除了由于信息不足或器质性损害导致的病理症状外，未经加工的记忆是产生病理症状的主要基础。身体信息加工系统，像其他身体系统一样，是以健康为导向的。就像伤口会收口和愈合，除非这一过程被阻断。

信息加工系统会导致令人困扰的记忆产生，令人困扰的记忆会以事件发生时被个体感知到的方式储存起来，而这种储存方式本身是功能失调的。如果一个记忆网络包含了未经加工的记忆，那么目前的知觉就会在对过去事件的那些早先功能失调的情绪、想法、信念和感觉的基础上形成。加工被看作是在储存于大脑中的信息网络之间建立其适应性的联结。

EMDR 会促进联结过程，从而使得相关的联系得以建立。在朝向一种适应性解决途径的加工过程中，记忆中那些未经加工的部分或表现（图像、想法、声音、情绪、躯体感觉及信念）会发生改变或转化。那些有用的信息得以储存下来，为将来的经历储存信息；那些不再适用的信息则被舍弃（如躯体感受、不合理的信念）。EMDR 以这些病因性的功能失调性记忆为目标促进其与适应性记忆网络相联结，将功能失调性记忆转变为功能良好性记忆。

适应性记忆网络是学习、自尊及其他正性资源和行为的基础。由得到加工且整合在一起的正性记忆组成，包括已经得到处理的负性经历。当触及这些经历时，运用双侧刺激可以使它们得以增强和提升，可以发展资源和增进现有的资源。为了让再加工得以发生，适应性记忆网络需要存在于当下且可以触及。

非适应性或功能失调性记忆网络是病理问题的基础，包括负性行为方式、情感、感觉和关于自我和他人的歪曲信念，以非适应性方式储存的信息是来访者当前问题的病因。节点是特指治疗的目标记忆，它与当前的问题有关。记忆之所以被视为"功能失调的"，是因为它们在物理层面的储存方式让它无法与正性或适应性的网络建立联结。目标记忆既是通过终点的途径，它本身也是一个终点；也就是说，它既是通往类似记忆所组成的网络相关的入口，也是一个需要得到再加工的独立的记忆。目标记忆既可以是过去的经历，也可以是目前的生活经历。EMDR 程序能激活目标记忆，并刺激适应性的信息加工系统，负性或令人困扰的记忆得到了再加工，正性的记忆得以整合。

尽管各种理论都将 EMDR 与本理论进行结合，试图从本理论的角度来解释 EMDR 的作用原理，但研究者一般认为，用各种理论来解释 EMDR 都是不完整的，应该把 EMDR 看作是一种整合了认知行为理论、心理动力学理论、信息加工理论和催眠理论的心理治疗方法。由此可见，EMDR 是一种整合的心理疗法，它吸收了生理学、催眠学、心理动力学、行为学和认知行为学等多学科的精华，进而构建了适应性信息加工模型的理论基础。目前，EMDR 是针对 PTSD 患者效果最好效用的方法之一，其安全、易于操作，可缓解患者的闪回和高警觉等创伤性体验，迅速降低患者的焦虑抑郁情绪，并进一步提高患者的自信。

三、我们如何使用 EMDR

既然夏皮罗博士当初可以通过 EMDR 进行自我治愈，那对于很多被既往不良经历困扰的个体来说，也可以尝试 EMDR 进行自我疗愈。

比较经典的治疗模式是眼球的双侧刺激，最早被采用的模式是治疗师用手指在患者面前左右移动，患者眼球随着治疗师的手指移动，达到双侧刺激的目的。在后来的临床实践中，有些学者开发了器械化的 EMDR 仪器，解放了治疗师的双手，但临床中普遍认为器械化操作的治疗效果不如手动操作的效果好。

除了视觉的 EMDR，还可以采用触觉的治疗形式。蝴蝶拍是较为常用的触觉形式，双手交叉轻拍双肩，这种方法是较为受欢迎的脱敏形式之一，跟眼球的双侧刺激配合，可以避免眼球的疲劳。也可以在治疗师的引导下，来访者用双手轻拍双腿，或者双脚的脚尖点地，进行脱敏，这两种形式可以在隐秘的环境下开展，如人群中、车上，周围的人也不易觉察，便于来访者保护隐私、避免尴尬。

跑步的方式也可以实现脱敏，跑步刚开始启动的时候，可能会想到不开心的事情，心里充满愤怒，胸口不舒服。在河边或在乡村的麦田边跑步，边跑边想，不断加工，情绪疏解得比较快，不开心的事情也能缓解，情绪都被逐渐跑走了，逐渐能发现周围的美景。

听觉形式也可以实现双侧刺激，双侧耳边先后播放均匀的滴答声，这一操作往往需要专用的耳机才能实现。双手托着下巴，用示指轻敲双侧耳朵下的皮肤，也可以实现听觉的双侧刺激。除了单感觉通道的双侧刺激外，也可以联合两个通道的双侧刺激开展脱敏，如上述所说的双手托下巴，示指轻敲面部，同时实现了触觉和听觉的双侧刺激。

来访者应该根据自己的实际情况，决定是否能够开展自助式 EMDR 治疗。人格结构完整的个体，亚健康人群，可以在安全的背景下尝试进行自助式 EMDR 治疗。对于创伤较重的来访者，需要慎重采用自助式 EMDR 治疗，可能会带来创伤的二次暴露和打击，从而加重创伤带来的困扰，这部分个体需要在治疗师的引导下进行治疗。我曾接待过的一位来访者，在稳定化的基础上，进行首次 EMDR 脱敏的时候就表现出明显不适，以至于离开诊室时惊慌失措地把眼镜落在了治疗室，说明我们对待这项治疗需要持慎重的态度。

在进行任何双侧刺激的时候，要保持大脑对既往经历的思考，才能达到脱敏的效果，仅仅进行双侧刺激，而不进行针对既往经历的加工的话，则双侧刺激达不到效果。我有不少来访者，在后续的自我 EMDR 脱敏的过程中，没有保持对既往经历的加工，导致脱敏过程无效。

我之前接待过的来访者里，有一些比较重的精神疾病患者，在药物治疗稳定后开始进行 EMDR 治疗，经过标准的 EMDR 治疗，对该治疗的流程逐渐熟悉后，开始进行自我 EMDR 疗愈，并且在治疗结束后继续在生活中使用该疗法，症状逐步有了缓解，说明要想使用该疗法，还是需要一个逐渐熟悉的过程。对于没有 EMDR 治疗经历的来访者，可以通过阅读 EMDR 的相关书籍，了解该疗法的治疗经过，尝试进行自我疗愈。

第三节 | 认知行为疗法

疫情期间的门诊，患者不是很多。一位五十多岁的中年女性走了进来，说话十分客气。尽管戴着口罩，也难掩她高挑的身材和优雅的举止。结束了常规的问诊，准备开好药离开时，患者突然跟我说，"医生，有件事我从来没有讲过，我可以跟你说吗？"精神科医生和心理治疗师的职业敏感让我意识到患者的症状不仅仅是抑郁和躯体不适这么简单。后来患者哭着讲述了自己童年不堪的家庭生活和父亲曾经对自己的猥亵行为。听着患者描述这段经历如何影响了她半辈子的生活，现在依然在不停地自责，在对患者共情的同时，也努力尝试去改变她的认知。通过聚焦于患者的创伤事件，进行认知加工，包括：对创伤经历的解释，以及这些解释带来痛苦情绪的过程和自己歪曲的认知，从而帮助患者更好地理解自己，减轻症状。

一、什么是认知行为疗法

认知行为疗法（cognitive behavioral therapy）是 Beck 于 1960 年创立的一种心理治疗方法，是目前应用广泛、疗效明确的心理治疗方法之一。其理论基础是认知是情绪和行为的中介，个体的认知、情绪和行为相互关联、互相影响，其中歪曲的认知是导致个体出现情绪和行为反应的重要因素。该方法主要通过识别能导致患者产生负性情绪的认知歪曲，并对这些认知歪曲进行认知重建，产生更现实、更理智的思维，从而达到缓解症状的目的。

二、PTSD 的认知行为模型

1. **经典条件反射理论**　经典条件反射理论是引起创伤后应激障碍的基础。创伤发生时，个体经历恐惧而释放的压力荷尔蒙激增，导致在创伤发生时出现的线索和恐惧反应之间有很强的关联性。相关的线索具有预测未来威胁的性质，从而导致当个体暴露在创伤的内部和外部提示时，会重新体验恐惧。在消退的学习过程中，一个人在安全的情况下，反复暴露于创伤的提示中，没有发生不良后果，从而学习到以前的条件线索是很安全的。

2. **操作性条件反射**　因为创伤记忆和其他的一些线索（条件刺激）能够引发焦虑和恐惧（条件反应），个体回避或者是逃避这些线索，以使焦虑和恐惧水平下降。于是，对于条件刺激的回避行为得到了负强化。但是，这样的行为阻止了创伤性线索与焦虑之间联系的消退。因为在正常环境中，创伤本身一般不会反复发生，如果对创伤性线索不回避，它与焦虑之间的联结就会慢慢消退。

3. **情绪加工理论**　情绪加工理论提出 PTSD 的症状源于记忆中已建立的一个恐惧网络，这个网络引发逃跑或者是回避的行为。这个网络的构成包括刺激物、个体的反应和其他的一些元素。任何与创伤有关的刺激都会激活这个网络或者是图式，导致随后的回避行为。当个体的恐惧图式被激活就会导致个体倾向于认为事物具有潜在的危险性。如果恐惧图式被某些刺激或者是线索激活，相关的信息就会进入意识（闯入性症状）。对于图式被激活的回避就造成了个体的回避症状。

4. 信息加工理论　根据信息加工理论，反复将个体暴露在能够引发个体创伤性记忆并确保环境安全的环境中，将导致个体对创伤性记忆的习惯化，最终改变恐惧图式。随着情绪的降低，PTSD 患者就会自动调整自己对刺激所赋予的意义，改变自我语言，减少恐惧的泛化。信息加工理论认为，恐惧的减退需要满足两个条件：①恐惧的记忆必须得到激活；②提供与现有的恐惧信息结构不一致的新信息，以形成新的记忆。

5. 社会认知理论　根据社会认知理论，人在经历创伤后的情绪反应可以分为两类：初级情绪是对创伤经历的直接情绪反应，而次级情绪则是从人们对创伤经历的解读中发展而来的情绪。举例来说，当一个人受到他人的攻击，先体验到的初级情绪可能是恐惧和愤怒。然而，如果有人受到伤害，并认为自己也对受害者负有部分责任，那么他会感受到内疚和 / 或羞耻等次级情绪。假设这些解释（例如前文中"自己也对受害负有责任"等类似的解释）可以被充分挑战，人们就可能会更少体验到和创伤相关的次级情绪，也更少受到相关的侵入性想法的影响。

三、PTSD 的认知行为疗法

针对创伤的认知行为疗法开发于 20 世纪 80 年代末，已被证实能有效减少与各种创伤事件有关的 PTSD 症状。该方法通过苏格拉底式访谈和认知重组等技术，帮助人们理解为什么从创伤性事件中恢复是困难的，以及 PTSD 症状如何改变一个人的思想和信念，以及思想如何影响情绪和行为，从而影响日常生活。

在开始治疗之前，需要评估以下相关内容：来访者的优势和可能应对的困难是什么；来访者的创伤史是怎样的；选出一个首要的创伤事件评估是否符合 PTSD 诊断及是否患有共病。当完成评估之后，就可以开始进入治疗阶段了。主要包括以下内容。

1. 关于 PTSD 的心理教育

（1）在一个或一些创伤性事件发生之前，你的头脑里有一些假设在指导着你的生活。你或许相信这个世界是安全的，你的生活是有意义的，任何事情都是有一定道理的。你相信一切都很美好，所有美好的事情发生在你身上是理所当然的。但就在这个时候，创伤袭来，突然间你对发生在你身边的事件感到无能为力，此时你变得脆弱，你生存的世界也不再安全和有保障，而且，你可能也不知道接下来会发生什么。

（2）当你遭遇了创伤事件体验到的上述 PTSD 症状是极其正常的。一旦创伤事件结束，我们需要把这段回忆整合自己的认知，包括我们对自己经历的理解，为什么会发生这样的事情，以及我们对自己、他人和这个世界的看法。

（3）当创伤事件发生后，当事人必然会体验到一种不需要思考就会出现的情绪，比如恐惧、愤怒、悲伤，即自然情绪；另外一些情绪来自我们对创伤事件的认知，称为人造情绪。如果我们不回避，自然情绪一般需要一段时间会慢慢散去，而由歪曲的认知产生的人造情绪（比如：这一定是我的错）会随着认知的改变而得到改善。

（4）创伤事件的经过固然重要，但更为重要的是你认为创伤事件为什么会发生在你的身上，以及创伤事件给你的信念以及行为带来了怎样的影响，包括对自己、他人和世界的信念，继而影响到你的不同生活领域，包括社交生活、工作、自尊心、自信心、控制感及亲密关系等。创伤的经历会给你带来的影响包括：①安全感和信任感，比如背叛的创伤，伤害你的人本该是爱你的人，一个让你信任、感到安全的人；②自我意识和身份认同；③调节情绪的能力；④发展亲密关系的能力。

（5）每个人都是不同的，一个小事件可以对某人造成很大程度上产生影响，而一件非常大的事件却可能完全不会影响到这个人，这是个因人而异的问题。

（6）要从创伤事件中康复，就需要改变一些歪曲的想法，从而让我们能够将这些新的信息吸纳到我们的人生经验中。我们需要接受创伤事件是有可能发生的，尽管我们没有犯任何错误，创伤事件也可能发生在我们身上，要知道伤害我们的人是需要承担过错的人。

2. 觉察并应对自己的情绪变化

（1）恐惧：当你处于创伤之中或经历创伤后可能会觉得非常害怕。当你感到恐惧或者不安全，可以尝试有意地与创伤分离，也可以将注意力集中在某一件事或某一件物品上，或者积极地创造远离消极情绪的空间，比如去感知你所处的自然环境；边做事情边意识到自己在做什么；感知自己的身体；寻找舒缓放松的感觉；想象你在一个安全的地方；通过日记的形式描述自己的安全场所或者通过拼贴画的方式拼贴你的安全场所。

（2）愤怒：当经历创伤事件后，愤怒很可能会暴发，以此来掩盖你恐惧、悲痛、伤心、羞愧和负罪的情感。愤怒的爆发可能和引起愤怒的原因不成比例，可能会带来一些生理上的反应如血压升高、头痛以及身体的疼痛。愤怒可以帮助你更好地了解自己，但处理和创伤有关的愤怒并不是一件容易的事情，你可以采用身体放松、深呼吸的方式或者将愤怒转变成语言或图画，这些语言和图画描述了你潜在的情绪。如果你想用语言表达你的愤怒可以试着写出事情发生的诱发物，当时你的身体反应，以及在场都有些什么。这是一种不伤害自己或他人的、更安全的、摆脱愤怒的方法。此外，更重要的是找出愤怒背后所掩盖的情绪。

（3）内疚：如果你认为你对灾难事件应该负有一定责任，你很可能会有内疚的感觉。这时，你可能需要问自己该为事件负多少责任？并写出自己已经付出的代价和已经实施了哪些恰当的弥补措施，同时想一想事件中的其他人应该承担多少比例的责任。

3. 识别并挑战自己的想法和信念　一旦创伤事件结束，我们需要用比较平衡的方式将这一段回忆整合到自身的认知体系之中，包括我们对经历的理解，为什么这件事情会发生，以及我们对自己、他人和这个世界的看法。

（1）识别自己的歪曲认知：一个人经历创伤事件后，其对世界的看法常会发生改变，比如认为世界是危险的、自己是无能为力的，从而导致自己长期处于焦虑警觉状态。创伤也会让你失去信任感，你可能会变得多疑敏感，从而导致你的生活充斥着失望、背叛和痛苦，难以建立亲密关系。当这些认知歪曲出现的时候，杏仁核会被激活，从而导致你出现情绪反应，但当你意识到认知歪曲时就会停止激活。

为了挑战歪曲认知，需要针对想法寻找支持和反对的证据，需要评估这些想法是基于情绪还是事实，需要评估这些想法是否有一些黑白思维、全或无的想法或者"如果……就……"。

（2）认知加工：有一些认知加工技能，帮助你检验自己的认知，将想法和事实区分清楚，帮助你提高情绪管理能力，增加心智上的弹性，同时改变这些在其认知能力未完全发育时所形成的一系列假设和信念。最终，你可能会采取一些新的、更有效的方式去看待自己的创伤事件以及它对你的影响，进而产生不同的情绪体验。

目标1：通过创伤性记忆的加工和识别扳机点减少反复体验到症状的频率。

加工创伤性记忆的目的是制订一系列叙述清单，从创伤开始，到再次安全为止，按创伤过程发生一系列事件的先后顺序排列。主要使用了3个技术，即写下事件过程、想象体验和重游现场。当发生了什么和如何发生的方面模糊时，书写尤其有用。用图表和模型重建事件对将来遇到类似情境有帮助。想象体验时，你生动地想象和描述发生了什么及感觉到和想到了什么，对诱发所有的创伤记忆有好处（包括情感和感官），因此，这将对零散的信息连接在一起并将其按顺序排列非常有帮助。重游现场是对将时间编入记忆有帮助的方法。在治疗师的指导下，你可以很清楚地看到事件不会再发生，那已经过去了，现场已经发生了变化。重游现场还可以提供新的信息，有助于解释事件为什么或如何发生。

识别扳机点通常包括两个阶段：①仔细分析闯入性记忆发生的时间和地点；②有意打破扳机点和创伤性记忆的链接。

目标2：修正过度的负性评价。

通过仔细询问尤其是"热点"（记忆中最痛苦的时刻）的意义，识别对创伤性事件的过多的负性评价。检查闯入性记忆的内容和重新体验可以识别热点问题。接着，运用标准的认知疗法去纠正负性评价。一旦患者找到有说服力的替代性评价，通过将其加至书写的清单中或插入想象体验汇总，新的评价与创伤性记忆就合为一体。

目标3：减少功能失调的认知和行为策略。

功能失调性应对策略可以立即减少个体的当前危险感，但对维持PTSD有着长期的影响，这在PTSD中普遍存在。这些策略通过阻止加工创伤性记忆（如避免讨论创伤事件）或阻止再评价来维持障碍的持续存在。例如，一个人坚信如果不压制创伤性记忆和闯入性记忆自己就会发疯。我们会鼓励患者有意识地允许闯入性记忆自由出入头脑，而不是控制它们，从而验证了之前的想法，并可减少闯入性回忆的出现频率。

4. 理解信念的改变　创伤事件的发生会影响我们在安全、信任、权力与控制、自尊及亲密感方面的信念。

（1）关于安全：创伤事件会打破或强化我们原有的"我是安全的、他人并不危险、周围环境是安全的"信念。这些信念的变化会引发焦虑反应，进而会引起逃避行为。事实是有些创伤事件是概率问题，采取安全措施可以减少被伤害的概率，不需要感到恐慌或进行过度逃避行为，逐渐通过康复过程中习得的技能去容忍创伤事件，从而更有效地面对未来可能会发生的创伤事件。

（2）关于信任：创伤事件会让我们反复怀疑自己和自己周围的人，质疑创伤事件过程中很多细节，开始怀疑自己的判断，认为没有人可以信任。通过挑战信念工作形成新的认知：没有人拥有完美的判断力，我在一个不可预测的环境下尽了自己最大能力；信任他人会涉及一些风险，但我可以逐步了解对方，慢慢建立信任来保护自己。信任不是一个全或无的概念。

（3）关于权力与控制：创伤事件一般在幸存者的控制能力之外，所以会让我们在创伤事件之后想方设法对生活的各个方面获取完全的控制，从而排除创伤事件在未来发生的可能性。从而产生要么无法忍受他人犯错，要么认为自己对任何事情都没有掌控。通过挑战信念工作形成新的认知：我不需要对我的反应、别人的行为、外部的事件随时保持绝对的控制，当事件发生时，我可以对自己的反应进行一定的控制，也可以对别人的行为或外部事件的结果产生一定的影响。

（4）关于自尊：创伤事件会破坏我们的自尊和对他人的尊重，会扭曲自己对赞赏的感知。通过学习回应他人的赞赏，做一些能愉悦人且符合自己价值观的事情，从而打破社交孤立，建立新的社交关系。

（5）关于亲密感：创伤事件会影响到与自我有关的、与他人有关的亲密感信念，从而害怕独处，无法安抚和宽慰自己，感到空虚感。通过挑战信念工作可以建立新的认知：当我有需求时，寻求帮助是一个健康的行为，但是别人不是随叫随到，我需要学会照顾好自己；我可以和他人保持亲密关系，但不可能和遇到的每个人保持亲密关系。

5. 你可以做哪些练习帮助自己

（1）如何应对解离症状：创伤是我们无法应对的、可怕的、势不可挡的事件或情况，解离是一种生存机制，从而使我们避免受到创伤的影响，起到一定的保护作用。如果你经常体验到情感麻木、分离或回避，你可能需要经常问自己"我现在在哪里"而非问"我去过哪里"，这将帮助你返回到当前时间，并提醒自己你在现实世界的哪个地方。此时，自我护理以及安全感的建立比探索创伤性事件更为重要。

（2）如何应对闪回症状：闪回就是过去的记忆闯入并且使得过去的事情似乎就发生在此时此地，往往伴随着强烈的情绪。闪回可能是创伤事件整个场景的清晰记忆，也可能是部分事件，通常包括创伤事件的情绪和感觉方面，当闪回发生时整个神经系统都会参与，变得高度唤醒。

当闪回出现时，你可以通过以下的方式来帮助自己：①通过写下来、画下来、拼贴下来或者捏出来等方式，让它在其他地方重现，从而离开自己的脑海，进入到自己周围的世界，并按照自己的方式进行处理，比如撕掉、烧掉、埋掉或者放入保险箱中；②你可以重复用力眨眼睛；③使用深呼吸的方法；④在脑海中想象到达你之前设定的安全场所；⑤到达你认为实际的安全场所；⑥在你环境四周尽力地活动；⑦大声地叫出你周围物体的名称；⑧抓住一个安全的物体并去感知它；⑨用冷水洗脸；⑩说一些有关自己的、积极的、肯定的语句。

（3）行为激活：①写上激活自己行为的活动，如愉快的活动、锻炼、志愿活动、与朋友/家庭的活动；②健康有规律地定时饮食、锻炼，用毯子把自己紧紧裹起来，坐自己喜欢坐的椅子，做按摩，泡热水澡，做家务或者劳动；③观看自己喜欢的电影或电视剧，听自己喜欢的音乐，玩耍或为一项事业而奋斗；④设置开始时间以管理拖延症；⑤明确给任务设定开始的时间。

（4）放松训练：当你感到身体任何部位紧张或者有些紧张的行为，如咬指甲、抓皮肤，或者感受到恐惧、愤怒的情绪，可以通过放松训练，包括呼吸放松训练、肌肉放松训练、想象放松训练等让自己放松下来，减轻自己的焦虑症状，降低自己的压力水平，使自己感觉更加平静。

6. 识别和管理诱发物　一个诱发物就是提醒你过去在你身上发生的事情的事件线索。创伤的诱发物经常是不愉快的或令人恐惧的，可能会引起闪回，或产生焦虑、恐惧、愤怒情绪，或出现颤抖、麻木等感觉，或出现一种空虚感或分离感，能使人再次受到创伤。

我们需要列出诱发物的清单，一旦确定诱发物并意识到它们，你将更有能力去控制它们，甚至选择不对它们做出反应。在你的日记中，你可以写出、画出、拼贴出或用其他方法表示创伤事件的诱发物。

诱发物可以是你看到的、听到的、闻到的、接触到的及尝到的，也可以和地方相关、和人相关（需要确定那个人的哪些特殊行为、特征或态度对你有所触发，甚至是那个人的年龄可能与你的创伤事件有关）、和自然或事件相关（如天气、季节、时刻）。

当你识别了诱发物之后，需要设计自己应对诱发物的策略和技术。包括放松练习、呼吸练习、适当的调节和能给你支持的人联系，同时避免额外的压力、避免接触某些特定的诱发物。

四、针对儿童青少年创伤的认知行为疗法

聚焦创伤认知行为疗法（trauma-focused cognitive behavioral therapy，TF-CBT）是基于传统认知行为疗法（cognitive behavioral therapy，CBT）的原理发展而来的，旨在帮助儿童、青少年及其家庭克服创伤经历所带来的负面影响，该方法着重于帮助儿童识别和改变他们因创伤经历而形成的负面思维模式和行为反应，不仅关注儿童，同样强调家长的参与和教育。研究证实，这种循证方法对多重创伤或单一创伤事件的治疗效果都颇有成效。该治疗模式结合了人本主义、认知行为和

家庭策略流派互相结合的干预措施。

TF-CBT 的目标是让孩子和父母持续的以健康的方式发展他们的技能和沟通技巧，可以帮助父母和孩子更好地处理与创伤经历相关的情绪和想法，以缓解那些导致压力、焦虑和抑郁的强烈的想法，可以帮助经历过创伤的人，学习如何以更健康的方式管理那些困难的情绪。

TF-CBT 治疗师使用适龄的语言、技能构建和示例技能，均衡地给予家长和儿童治疗时间。其中，家长的角色在 TF-CBT 中被赋予了重要的地位。治疗不仅为儿童提供支持，同样为家长提供心理教育和技能训练，如有效的养育方法、压力管理和沟通技巧，旨在改善家庭环境，为儿童的恢复提供一个更加支持和安全的背景。此外，强调只有非侵害的家长可以参与治疗。TF-CBT 采用结构化的三阶段模式，具体内容如下。

第一阶段

（1）心理教育：父母和孩子都接受创伤的相关心理教育，了解人们创伤事件后的共同反应。治疗师和来访一起回顾创伤后应激障碍以及常见的行为问题，并确保孩子和父母的反应是正常和可理解的。

（2）放松技巧：通过放松技巧，比如感觉温度计等方式，以此了解孩子的感受，使用正念、渐进式肌肉放松，或者通过音乐、舞蹈、阅读等任何有助于放松的方法，帮助孩子减少压力和创伤后应激障碍的生理唤醒效应。

（3）情感调技能节：情感调节技能主要是识别、转变和调节可能出现的任何令人不安的情感状态，包括解决问题、愤怒管理、当前的关注点、获得社会支持、积极的自我对话及冲动控制技术等。

（4）认知处理技能：认知处理技能帮助孩子和父母理解认知三角：思想、感受和行为之间的联系，帮助孩子区分想法、感受和行为，识别自己的想法、感觉和行为之间的联系，帮助孩子和家长学习使用更准确或更有帮助的想法取代他们有害或无益的想法。

第二阶段

在这个阶段，治疗师将引导孩子创造创伤叙事。创伤叙事是孩子讲述他们的创伤经历。开始时会获取孩子的基本信息，再了解创伤开始前孩子的生活状态，继而鼓励孩子讲述在创伤期间发生了什么？

如果儿童有多次创伤，可以让孩子选择讲述一个，如第一次创伤或者最后一次，或者最难忘的一次。当孩子讲述了创伤经历后，治疗师需要识别"热点"或"最糟糕的时刻"，帮助孩子描述更多细节，鼓励孩子描述与创伤有关的想法和感受。在这个过程中，孩子可能刚开始的关注很简单，是谁、什么、何时何地。接下来，他们可以添加体验中产生的想法和感觉。一旦他们在体验中能够自如地列出或描述自己的想法和感受，他们就可以进入创伤中最困难或最令人不安的时刻。最后，孩子要总结这一切，可以选择添加叙事的最后一段，说明他们学到了什么，以及他们会告诉其他经历过这种情况的孩子什么？现在与发生 / 开始治疗时有何不同？

家长和照顾者的感受和想法会影响孩子的行为和信念发展，当孩子在进行他们的叙述时，治疗师应该在和父母的个别会谈中了解父母，检查并调整父母不合理的永久的、普遍的、过于个性化的想法。

第三阶段

（1）掌控体内创伤唤醒：创伤唤醒是孩子在日常生活中可能经历的刺激，可以唤起对所受创伤的强烈、痛苦和衰减的记忆，也可能直接引发生理唤醒（如过度通气）。这部分包括识别唤起情境，制定唤起等级，逐渐掌控恐惧的刺激，以及帮助孩子克服广泛性回避行为。

（2）孩子与父母联合会谈：治疗师在会议联合会谈之前会和父母和孩子单独会面，在治疗前做好准备。在联合会谈中，治疗师为孩子提供适当的支持，赞扬其所取得的进展，促进开放式的沟通，并为未来的潜在威胁或危机（如欺凌、家庭暴力等）制订家庭安全计划。

（3）增强安全感：这个部分将通过治疗获得的积极技能和见解应用到未来的家庭生活中。家庭可以制定一个安全计划，以应对未来可能出现的压力和创伤唤醒。

最后结束治疗时，可以回顾获得的技能和取得的进展，鼓励孩子获得的技能和信心，强调父母作为孩子持续治疗资源的作用。

第四节 | 表达性艺术治疗

一、绘画治疗

绘画治疗的核心是创造，所以严谨来说，不存在单纯针对创伤的绘画治疗。在具体的干预过程中，常常是遇到怎样的时机就先解决这个需求，遵循动力不断创造。下文将从 3 个方面展开描述，希望能够帮助到那些期待通过绘画解决困扰的读者。

1. **什么是绘画治疗**　绘画在大众的认知里是一种专业，有人认为画得像即画得好，也有人把艺术高高架起，是不得亲近的高雅艺术，与现实生活和"我"毫不相干。这些认识和美术发展的过程密切相关，在历史和社会的发展之中，美术同其他许多专业一样，从依附到独立，再到遭受挑战与保持自己的一席之地而不断变化，在此期间涌现了种种新理论和形态……在本章中提到的绘画当然不是这样的概念，这里提到的与疗愈有关的绘画，更强调运用绘画的材料作为表达的媒介，重在我们个人作为主体表达——这种方式让个体说出来我想说的，而非结果本身。绘画在这里成为一种"语言"。

明确了绘画的概念，那么绘画如何成为治疗方法？有专门的机构为其下了定义。

成立于 1969 年的美国艺术治疗协会关于艺术治疗的最新定义是：艺术疗法是心理健康与人类服务相结合的专业，它通过积极的艺术创作、创造过程，应用心理学理论以及心理治疗关系中的经验，丰富了个人、家庭和社区的生活。在专业艺术治疗师的协助下，艺术疗法可以有效地为个人、治疗关系及社区需求提供支持。艺术疗法可以被用于改善认知和感觉运动功能，培养自尊和自我意识，培养情绪适应力，增进洞察力、社交技能，减少和解决冲突与困扰，最终促进社会进步和社会生态的优化。

英国艺术治疗师协会则认为，艺术治疗包括创作者、作品和治疗师这三者之间的互动和交流过程，其中，治疗师以足够的时间陪伴创作者，对其给予积极的关注，并清晰地界定两方面的治疗关系，同时以此方式为患者提供艺术媒体、创作环境和治疗师本人3个核心要素。治疗师本人作为治疗过程中必不可少的要素，这一点是最为重要的。治疗过程的目的是发展出一种象征性的语言，接触到不为创作者所知的感受，并将它们创造性地整合到人格里，直至发生治疗性的变化。治疗师的焦点通常不会集中于对艺术品和艺术创作的审美特性上，而是注重艺术过程及其从中反映出的关系模式，即将所有治疗要素卷入治疗过程。治疗师通过澄清患者的知觉，借助他们与治疗师分享治疗体验的过程，增加患者的自省能力，促进改变的可能性。

上述内容是针对专业的治疗而言，对于绘画治疗的对象来说，只要知道一件事，我用绘画来表达我自己就可以了，其余都交给治疗师来操心，在这个互动过程中，患者的需求和问题将会被自己看见和解决。

绘画治疗的优势在于比言语性的治疗更能直达情感，其原因在于大脑功能侧化。具体而言，左脑主管的是语言化的思维，左脑模式是语言的、分析的、象征的、抽象的、时间性的、理性的、数据的、逻辑的、线性的；右脑主管的是图像化的知觉，右脑模式是非语言的、综合的、真实的、类似的、非时间性的、非理性的、空间的、直觉的、整体的。基于左右脑的这些不同特性和功能，左脑的钥匙打不开右脑的锁，一些过往事件造成的创伤有可能只是作为情绪或情感体验被记录在右脑里，而无法被左脑提取，造成伤害无法被处理。而绘画正是可以充当两脑之间沟通的桥梁，可以将那些以往事件造成的伤害表达在纸上，让左脑看见，使得过往的伤害事件成为可处理、可操作的，从而减轻过往事件的伤害，使患者的心理承受力及对事物处理的能力得到发展，以改善其心理境况。

2. 自己如何开始用绘画进行疗愈创作 绘画过程中疗愈是如何发生的呢？或许理解了这个问题更有利于我自己用绘画来开展疗愈创作。

来访者中心疗法创始人卡尔·罗杰斯的女儿在其父亲来访者中心思想基础上，结合表现性艺术方法，创立了"来访者中心表现性艺术治疗"方法。她认为心理治疗过程唤醒了创造性的生命力能量，创造性与治疗是重叠的，有创造性的就有治疗性的。她的艺术治疗是创造一种来访者中心的心理氛围，来访者通过绘画、音乐、运动等形式体验和表现自己的情感，来访者通过表现性艺术这种沟通内部现实的语言得以进入无意识之中，发现自己内心那迷失已久的亚人格部分。表现性艺术唤醒来访者的创造性，促进其情绪伤害的康复，解决内部心理冲突，超越自己的问题，采取建设性的行动，达到治疗的目的。在每一次治疗过程中，无论是个体还是团体，带领者都将根据当下的状态来做出调整，跟进、提问与反馈。

由此可见，艺术为创造提供了空间，在这个创造的过程中，来访者经历着，同时也疗愈着。来访者的体验、创造，治疗师的跟进、互动，绘画作品的变化与完成后的对话共同让疗愈完成。

退一步讲，若是没有治疗师，艺术疗愈还能发生吗？疗愈发生在来访者身上，来访者亲历自己的问题，只要这个过程达成，疗愈就可以实现，只是没有艺术治疗师，这个过程将会变得不确定，所以对于有"治疗需求"的人，还是建议寻求专业人士的支持。

对从未参加过绘画治疗的个人来说，也可以通过绘画练习来体验这种语言的魅力，若能长期坚持，也可以成为自我观照的一种有效途径。

具体而言，绘画可以帮助我们干很多事儿，例如绘画可以帮我们看见自己不能名状的情绪；绘画可以记录我想要记录的场景，可以是平常的一天，也可以是某个特殊的场景（找到第一份工作、第一次去某个的地方、见到多年未见的朋友），绘画可以比文字更加生动地记录这一刻，让你脑海中情境满溢；绘画可以帮助我们进入还没有来得及进入的事件，在绘画的空间里我们与自己对话，与他人对话，或许就可以找到一种绘画自我疗愈的方法。

上述内容或许有些抽象，在下一个小标题（一些绘画的自我表达）中，我们将会罗列一些实例供大家翻阅。此外，如果自己一个人画画会让你有些不知所措，也可以尝试在网络上寻找线上的绘画疗愈小组，例如有艺术疗愈小组会定期发布绘画的主题活动，在这里您可以和许多人共同分享您的疗愈过程，也是个开启自我疗愈的很好的选择。

那么，如何开始一次自我绘画疗愈呢？您不妨跟着以下指令操作。

请准备一个可以随记的本子和艺术材料。

找一个安静的环境独处，放松下来，内心沉浸。

邀请秋天和所有有关秋天的感觉、情绪、意象，并与之连接。

真实地面对自己，无论出现什么情绪，都不要评判自己，允许情绪出现，单单感知它，不评判、不阻止。

让以上过程反复发生，坚守不评判、不拒绝，只是客观地观看着……

如果有什么词语涌进脑海，请记录下来；如果有什么画面出现，不要着急，等稳定之后，观看它。请在这样的过程中，多花一些时间，直到你有冲动想要把它连成句子，或画出图画。

所有的过程，请不要忘记尽量保持自然呼吸，不刻意。

在创作中，请花更多的时间去完成作品。

之后，花时间朗诵你的诗作，一遍又一遍，感知你的情绪变化。之后，与你的绘画作品对视，进而与之对话，并认真聆听对话。

带着感受重复刚才的过程，直到你可以客观地记录下你的心理过程、你的感受和你的收获。

请留给自己足够的时间，直到你感觉需要起身，好，现在，稍微活动一下，提醒自己，"我完成以上过程后，就可以暂停了"。

3. 一些绘画的自我表达

例如，在绘制自画像的过程中，一位奶奶用桃树来代表自己，可以在春天开出美丽的花，给人欣赏，可以在夏天结出甜蜜的果实，给大家食用。能接受太阳的照耀。通过这样的绘画过程可以看到自己的优点，这种看见比"舍己为人"这个词语要生动具体得多。

另一位奶奶用香蕉代表自己，完成了自己的"自画像"——自己就好像香蕉一样，心里很软、甜蜜蜜的。但同时也发现自己在遇到事情的时候容易受伤，或许应该尝试坚强起来。通过自画像认识到了自己的问题，接下来就可以尝试在生活中做出识别和改变。这样的认知是画画的人自己通过"香蕉"这个意象体验到的，是自己亲历的，不是来自外部的教导，这种认知的改变才是我们心理成长需要的。

还有一位爷爷在画自己的退休生活时，画了骑自行车的自己。或许在他人看来是简单的，但在绘画的过程中，创作者会想到自己所经历过的场景，这是关于过去积极的心理体验，有助于更好地整理我们的过往，总结经验，为接下来的生活做安排和决定。

在一次画情绪的团体活动中，有参加者用大海来形容自己的情绪，表面看起来是平静的，实际暗流汹涌。对自己情绪如此形象地看见显然比单纯的描述情绪的词语更加真实到位，当我们自己的情绪能被看见，困扰就会减少一半。

相关的季节、节日也能作为绘画的内容或者主题，个体的经历不同，画出来的作品也就不同。反过来，因为创作者的需求不同，呈现的画也就不同，通常和自己的实际事件、心境相关，这样的画是自我的表达，真实表达的自我又在纸上被创作者重新看见，而后有机会更深入地探索与发现，并且创造性地解决曾经未能认识到或者言语化的问题，从而困扰我们的态度将离我们而去。从这个意义上来说，画出的和实际经历的在我们的内心或者意识里起到的反应是一致的。

二、音乐治疗

1. 音乐治疗的定义　一说到音乐治疗，很多人会问："音乐治疗就是听听音乐吗？""听听音乐就能治病吗？""推荐一些歌曲给我治疗一下吧！""有没有类似于音乐处方的曲库？我心情不好的时候听听，是不是心情就能好起来了？""我不懂音乐，能进行音乐治疗吗？"

如果你们这么想就大错而特错了，这些看法是大众对音乐治疗理解的一个误区。

那么，什么是音乐治疗呢？

美国天普大学的布鲁西亚教授认为音乐治疗是一个系统的干预过程，在这个过程中，治疗师运用各种形式的音乐体验，以及在治疗过程中发展起来的作为治疗动力的治疗关系来帮助治疗对象达到恢复健康的目的。包含 3 个要点：①音乐治疗是一个科学的系统治疗过程，没有计划的音乐活动是不具有任何临床意义的，音乐治疗师在临床实践中，要把评估贯穿在整个治疗过程中；②音乐治疗运用一切与音乐有关的活动形式，如听、唱、器乐演奏、音乐创作、歌词创作、即兴演奏、舞蹈、美术等各种活动，每个流派使用的技术和方法是不同的，常用技术的方法就有几十种；③音乐治疗过程必须包括音乐、治疗对象和经过专门训练的音乐治疗师这 3 个要素。缺少任何一个要素都不能称之为音乐治疗。当心情不好的时候随便听听放松的音乐来调节自己的情绪，这不能称为音乐治疗，因为这里没有音乐治疗师的介入，也就是说没有治疗师与患者的治疗关系这一关键的动力因素存在。

2. 音乐治疗的基本原理　音乐是一种强有力的感觉刺激形式和多重感觉体验，包含了可以听到的声音（听觉刺激）和可以感到的声波震动（触觉刺激）。不同的音乐可以使人产生不同的生理反应，如心率、脉搏、血压的变化；音乐的节奏可以明显地影响人的行为节奏和生理节奏，如呼吸频率、运动节奏、心率等；另外，不同的音乐可以引起各种不同的情绪反应。同时，音乐也是一种独特的交流形式，可以通过歌词和节奏传达一些信息，但最重要的是音乐是一种非语言性的交流。美国音乐治疗之父塞尔·格斯顿指出："音乐的力量和价值在于它的非语言的内涵。"音乐可以成为一个人的自我表达的桥梁，丰富自我情感和促进自我成长的途径，可以帮助自我表达障碍、自我评价低的患者正确地接纳自己，从而成功地与外界建立正确的联系。

在小组音乐治疗活动中，人们可以通过音乐的语言因素和非语言因素的途径来自由表达自己的情绪、情感和意念、思想。我们在治疗中使用的各种音乐活动可以适应各种不同功能水平的患者，可以使他们在音乐活动中获得成功的体验，这种体验对于一个人的自我形成和自我评价是很重要的。不同的音乐活动可以帮助患者发展其听觉、视觉、运动、语言交流、社会、认知，以及自救能力和技巧，同时还可以帮助患者学习如何正确地表达自我情感。

3. 音乐治疗的形式　很多人提起音乐治疗就想到了听音乐，以为音乐治疗就是听听音乐。其实，音乐治疗的方法很多，可以分为接受式、即兴演奏式、再创造式和创造式四大类方法，我们通常用的是前3种方法。

（1）接受式音乐治疗：以聆听音乐为手段，使人对美好的音乐产生反应，从而起到治疗目的的心理治疗方法。

（2）即兴演奏式音乐治疗：通过在特定的乐器上随心所欲地即兴演奏音乐的活动来达到治疗的目的。

（3）再创造式音乐治疗：通过主动参与演唱、演奏现有的音乐作品，根据治疗的需要对现有的音乐作品进行改变的各种音乐活动（包括演唱、演奏、创作等）来达到治疗目的。

4. 音乐治疗运用的工作领域　有些人会问我，音乐治疗可以用于什么领域呢？根据美国国际音乐治疗协会官方的解释，音乐治疗师可以在以下这些工作领域开展工作：综合医院、精神专科医院、心理健康中心、康复中心、学校、日间护理中心、特殊教育机构、戒毒中心、监狱、军队和养老院等，在中国也是一样的。

5. 音乐治疗在创伤中的作用 音乐治疗学是集音乐、心理学、医学为一体的新兴边缘学科，是将音乐的价值从艺术审美功能扩展到为人类身心健康服务的实用功能。

MER 音乐心理创伤干预又称"资源取向音乐治疗法"，是一种以严重心理创伤或一般消极生活经历或事件所导致的不良情绪（抑郁、焦虑和恐惧等）为心理干预目标的资源取向音乐治疗方法。是通过播放音乐让来访者听音乐，利用音乐的推动来放大和强化来访者内部的积极资源与优势。同时也借助音乐引导想象，用积极的情绪体验来对抗并取代消极的情绪体验，从而推动创伤的治愈。

6. 资源取向音乐治疗的评估方法 在创伤的治疗过程中，音乐治疗在治疗创伤时主要运用的方法如下。

（1）首先要了解来访者想要解决什么样的问题？想要达到的目的是什么？如果目的是要解决当前的情绪困扰问题，那么我们的治疗方法和思路就比较适合。如果目的是与个人成长有关的问题，那么可能就不太适合资源取向的音乐治疗方法。

（2）来访者目前的情绪、生理和日常生活功能的状态怎样？包括评估来访者能否正常工作或学习？饮食和睡眠如何？人际关系如何？做这些访谈主要是了解一下来访者受困扰事件影响的严重程度如何，这样对我们接下来使用什么样的干预节奏提供了信息。

（3）这些困扰持续了多久？如果时间短，说明有可能是某个事件引起的应激反应。如果时间长，那就要慎重了，要先做好稳定化的工作，不要轻易触碰创伤。如果时间长且分值不太高，可以考虑做简单的稳定化工作，甚至不做稳定化的工作，尽早进入对创伤的处理。

（4）找出和确定来访者的情绪、生理和日常生活能力出现困扰是不是因为创伤事件和消极情绪所带来的，如果是，说明适合用音乐进行创伤干预。如果不是，则不适合用此方法。

（5）根据上面的4个方面的初步评估，来判断来访者是否适用于此方法。一般来说，此方法更适合做短期快速的治疗，不适合做中长程治疗。对于有轻度困扰的来访者，采用此方法时，可能只需要一两次稳定化的治疗，不需要进入创伤处理阶段；对于中度困扰的来访者，可能需要进行包括稳定化和创伤处理在内的治疗过程。对于时隔已久的创伤事件或消极生活事件引发的困扰，来访者目前情绪较稳定，社会功能较完善，可能只要进行简单的稳定化治疗或不做稳定化，直接进入创伤处理阶段即可；对于受到重度困扰的来访者，要特别谨慎地给予充分的稳定化治疗后，才能进入创伤处理阶段。

特别要注意的是，在访谈中一旦获得前面评估中提到的几个方面信息，就应该立刻结束谈话，尽快采用关于音乐体验的技术，一般来说访谈的环节最好不超过20分钟，最多不超过30分钟。切记不要对消极生活和创伤事件的细节展开讨论，只要大概了解事件是怎么回事就行了。

7. 资源取向的音乐治疗技术 当受创伤的患者情绪状态稳定后，我们则可以考虑使用创伤心理干预来进行稳定化技术，主要包括音乐肌肉渐进放松技术、安全岛技术、大树技术、积极资源强化技术、耳虫技术、再创造式团体音乐治疗活动。

以上这些技术需要根据来访者的具体情况来选择使用，可能会使用其中的一种，也可能会使用多种。如果来访者情绪不稳定，创伤事件或消极生活事件发生的时间近，就需要谨慎，要给予充分的稳定化治疗。现在来详细介绍一下我们能用的两种技术。

（1）音乐肌肉渐进放松技术：这个技术可用来缓解受创伤者的焦虑紧张的情绪，在无法自我调节和控制下使用。这个方法可以单独使用，也可以在做音乐想象类技术的准备阶段使用（如安全岛技术、大树技术和积极资源强化技术）。这个技术使用的引导语是多种多样的，治疗师可以有自己习惯使用的引导语，也可以创作属于自己的引导语。在放松时，首先需要让来访者感到舒适，可以采用平躺或坐姿，总之让来访者找一个自己舒服的姿势后就可以加入引导语了。在加入引导语时治疗师的语速要适当放缓，观察来访者的呼吸，尽量语速与来访者的呼吸保持一致，引导语要简短，这样来访者更容易进入放松状态。接下来开始播放音乐，可以使用一些水流声，有空灵感的声音，鸟叫声、海浪声等有大自然音效的舒缓音乐，同时对来访者进行放松的语言指导，一般通过人体扫描从头到脚或从脚到头每一个部位进行放松指导。放松结束时，不要让来访者突然睁开眼睛，要逐步唤醒，可以说："好，我们的放松练习就到这里，请感受一下你身下的沙发、床、垫子、椅子等，稍作停顿，给来访者时间让其感受，呼吸一下新鲜的空气（稍作停顿），活动一下双手（稍作停顿），不要着急睁开你的眼睛，当感觉舒服的时候再慢慢睁开眼睛。"对于放松状态较浅的来访者，治疗师可以简单地说："好，我们今天的放松练习就到这里，我从5数到1，你就完全清醒了。5，4，3，2，1，清醒了。"

（2）大树技术：大树技术属于指导性音乐想象，该技术会在几个特定环节给来访者有限的自由想象空间，让来访者有身临其境的感受。此项技术主要针对情绪不稳定、经常哭泣、内心自我力量缺乏状态的人群。当来访者出现消极情绪时可以使用"大树技术"来快速改变来访者的情绪，也可以帮助来访者增强内心的自我能量和增强自信心。

这个治疗需要在一个安静的环境中进行，准备好手机、播放器或耳机，在音乐中跟着治疗师的引导语去想象，姿势可以站立、卧躺或任何舒服的姿势，站立者双脚微微打开、与肩同宽，卧躺者将身体的重力放在身下的床或沙发上，最好选择站立式。

案例分享

小兰，女，35岁，自幼遭受父母言语虐待，父母对其要求极度严格。小兰目前不敢踏入职场，不敢看领导，看到领导就像看到自己的父亲一样，不敢出错，想哭不敢哭，自卑，觉得自己什么都做不好，缺乏自信，自身能力低。

小兰来到日间康复病房后经评估、商议，决定通过音乐治疗帮助她改善自身状态，建立自信。

以下为"大树技术"治疗过程。

请来访者站立或坐在椅子上，双脚打开，与肩同宽，闭上眼睛。简单地做 3~5 个深呼吸。

树种

治疗师：请你想象你的面前有一粒树的种子，请你告诉我，这粒种子有多大，它是什么颜色、什么形状的？

小兰：像榛子一样大小形状、深棕色的种子。

治疗师：嗯，像榛子一样大小形状、深棕色的种子。非常好。现在请你想象一下，找一个合适的地方，挖一个坑，把这粒种子种下去，填上土、浇上水。

（开始播放音乐）

树芽

治疗师：现在有了土壤和水分的滋养，这颗种子慢慢地发芽了，树芽慢慢地向上长，向上长……现在树芽长出了地面……请你告诉我，地面的环境是什么样的，你能看到什么样的景象？

小兰：是一片绿绿的草原，周围很空旷。

治疗师：（重复小兰的话）是一片绿绿的草原，周围很空旷。这里的空气怎么样？

小兰：这里的空气很干燥，但是有清凉的风吹过来，感觉很舒服。

治疗师：嗯，请深深地吸一下这清凉的空气，让你感觉到非常的舒服。

小兰深深地吸了一口空气。

治疗师：这里的阳光怎么样？

小兰：这里的阳光是一束一束的，有无限的光束照下来。

治疗师：嗯。仔细感受这些光束照在你身上的感觉，非常的温暖。

小树

治疗师：树芽继续向上生长，越长越高，越长越高……树芽长出了树干、树枝和树叶，你脚下长出了许多树根，这些树根不断地向大地深处蔓延……继续蔓延……你越长越高，树干也越来越粗壮，树枝和树叶也越长越多，你脚下的树根，也越扎越深了……

小兰的身体重心都在脚下，双手握紧。

治疗师：现在树芽已经长成了一棵小树，请你再看看周围，景色有什么样的变化？你又能看到些什么？

小兰：我看到远处有羊群、小树，更远的地方蓝天与草原连接在一起，小草在随风摆动。

治疗师：非常好，仔细感受你的树干、树枝、树叶和树根，你的树干变得越来越粗壮、越来越粗壮……你的树枝和树叶变得越来越茂盛、越来越茂盛，你的树根不断地向大地延伸，越扎越深，越扎越牢……仔细感受你的树根、树干、树枝和树叶。你沐浴着阳光和春风，不断吸取大地和阳光带给你的养料，你越长越粗壮了，越长越高了……

大树

治疗师：现在，你已经长成了一棵大树，请你再看看你的周围，你的视野有什么样的变化？

小兰：我看得更远了，远处有村庄、河流，我还看到了骏马、羊群，正在往树下走，我被周围的树围绕着。

治疗师：非常的好，你的视野变得更加开阔了，你可以看得更远了，远处有村庄、河流，你还看到了骏马、羊群，正在往你的方向走，你被周围的树围绕着。再仔细感受你的树干、树枝、树叶和树根，你的树干变得越来越粗壮、越来越粗壮……你的树枝和树叶变得越来越茂盛、越来越茂盛，你的树根不断地向大地延伸，牢牢地扎入了土壤深处，越扎越深，越扎越牢……仔细感受你的树根深深扎入大地牢固的感觉，你继续向上生长，越长越粗壮，越长越高。你吸收着大地和阳光的营养，你沐浴着春风，呼吸着新鲜的空气，你变得更加高大……

参天大树

治疗师：现在你终于长成参天大树了，你是这一带最高的大树，仔细再看看你的周围，你的视野，又出现什么样的变化？

小兰：我冲出云层，我的视野变得越来越开阔，长得比太阳还高，我俯视着大地，看到的一切都很渺小，我站得很稳、很牢固，我看到远处有一头狮子向我走来，依偎在我身旁，有很多动物在树下安家，老鹰在我身边盘旋，我变得越来越强大了。

治疗师：非常好。你现在是一棵参天大树，你俯视着大地，蓝天白云都在你脚下，你的视野变得无限开阔，仔细感受你粗壮有力的树干，茂密的树枝沐浴着阳光，在春风下，迎风摇摆，你的树根越扎越深，深深地扎入大地深处，非常牢固，无论怎样的狂风暴雨都撼动不了你，因为你是一棵参天大树，再仔细地感受一下自己粗壮而有力的树干、茂盛的树叶、深深植入大地的树根，你非常有力、非常牢固……

小兰身体重心更加往下沉，双手五指用力张开，仿佛深入大地一般，体会到自己如同参天大树一样释放着无尽的能量。

治疗师：这些感觉就是你的感觉。它不是别人的感觉，它就是你的感觉，它是你内心的力量，只是你忘了它的存在，但它不曾离开过你，它不是别人的，它是你的！它是你的！它是你的！

（音乐结束）

治疗师：音乐已经结束了，我从5数到1，你就带着这种参天大树的感觉回到你的日常生活中来，5，4，3，2，1……你感到舒服的时候，慢慢睁开眼睛。

小兰觉得自己充满了能量，是自己用语言无法形容的能量，收获了自信，觉得有能量应对生活中的各种事件。

经历了5次治疗后，小兰重新回到了工作岗位，有信心应对工作中一系列的问题，对自己越来越有信心，能够认可自己的能力。

三、舞动治疗

身体就像一个和谐的生态圈，一个系统出现问题，就会影响到其他系统的正常运作。身体系统的损坏和生病的原因有很多，如生物学因素、环境因素、饮食因素等。心理创伤与身体的关系也是多方面的，从生理层面来看，创伤可能导致杏仁核、岛叶结构等情绪中枢被过度激活，此外，创伤还可能导致身体的各种问题，如免疫力下降、消化能力下降、排毒能力下降等。从心理层面来看，心理创伤可能导致人们出现焦虑、抑郁、失眠等问题。在严重的情况下，甚至可能导致人们产生自杀倾向。就像《自动化的心理》（*L'automatisme psychologique*）中描述的创伤后应激障碍的症状，"心理创伤发生在程序性记忆中，即自动化的行为、反应、感觉和态度中，而且创伤会在内在感觉（焦虑与惊恐），躯体运动或视觉影像（噩梦和闪回）中重复播放。"因此，我们需要更多地关注和支持那些遭受心理创伤的人们。

1. 心理创伤 很多人认为创伤只会降临在少数人的身上，比如战争中的士兵、自然灾害中的受灾者、在暴力家庭中长大的孩子等。实际上，创伤或多或少会降临到我们每个人身上。例如患有危及生命疾病的人、长期残疾或深受慢性疾病困扰的人、长期的照护者，贫穷、种族歧视、性别偏见、失去亲密关系、失去赖以生存的工作的人。

（1）心理创伤与身体的关系：在心理创伤中，身心关系是一个非常重要的问题。身体和心理是相互关联的，它们之间存在着复杂的相互作用。在遭受心理创伤时，身体往往会受到影响，出现各种问题，如失眠、食欲不振、头痛及胃痛等。这些问题可能会进一步加剧心理上的痛苦和创伤。另一方面，心理创伤也可能对身体健康产生影响。研究表明，心理创伤可能导致免疫系统功能下降，增加感染的风险；还可能导致消化系统问题，如胃肠不适、腹泻等。此外，心理创伤还可能导致身体上的压力反应，如肌肉紧张、呼吸急促等。因此，在治疗心理创伤的过程中，我们需要关注身体和心理之间的相互作用。通过综合治疗，包括药物治疗、心理治疗、物理治疗等手段，可以帮助患者恢复身心健康。

（2）心理创伤的外在反应：心理创伤除了不易觉察的情绪层面和认知层面，比如情绪层面的焦虑与恐惧，没有安全感，无助感，感到孤立、冷漠或疏远，悲伤、哀悼、忧郁、心情低落，内疚，愤怒、易怒，过度亢奋，不休息，情感否认、麻木感，对什么事情都不喜欢，失去信心、自尊；和认知层面的注意力差或记忆力有问题，理解困难、思考缓慢，看待自己和世界的方式发生改变，对环境的警觉性增强（过度警觉），与自我失去联系（分离），闪回，噩梦。还包括易觉察的生理层面和行为层面。比如生理层面的心跳加速、血压上升、呼吸急促、晕眩、胃痛、腹泻、头痛、虚弱感、麻木感、手脚感到刺痛或沉重、过度的惊吓反射动作、疲惫感、食欲改变，以及行为层面的退缩或远离他人，容易受惊吓、回避，敌对或好攻击，语言沟通上或书写上困难，时常有愤怒感，经常与别人争论，饮酒、抽烟或服药过量，进食习惯改变等。

2. **舞动治疗**　舞动治疗是一种身心连接的心理治疗方法，深受现代舞、动作分析和心理学的影响。是一种通过肢体动作，由外向内调节身心的表达性艺术治疗形式。舞动治疗的独特之处在于，强调情绪和身体的相互作用，将情绪视为可以自由在身体上游走的动态能量。舞动的过程不仅可以改善身体功能，还可以调节情绪及精神，建立社会化关系。舞动治疗作为舶来品，在中国慢慢地发展，目前在精神分裂症、抑郁症、焦虑症、双相情感障碍、阿尔茨海默病、儿童自闭症、纤维肌痛以及乳腺癌放疗后的身心治疗中应用，并得到良好的效果。

舞动治疗在临床上的应用时间虽然较短，但是，在治疗和疗愈中使用舞蹈由来已久。例如，古埃及的驱邪仪式"Zar"舞、古印度的《舞论》，以及中国原始社会时期起源的巫舞。这些以舞蹈和音乐为基础的仪式，被认为是沟通人类与神灵世界的重要手段，在原始社会时期，为文化程度低、生产力低下，对自然万物无法做出合理的科学解释的背景下的民众提供情感支持，增加社会团结。

舞动治疗可以帮助患者连接身心，识别创伤，使身体中的情绪流动起来，改善生活质量，缩短疲劳时长，使患者更有精力，缓解躯体化症状，缓解情绪问题，缓解疼痛感，改善身体机能，处理创伤带来的影响等。

3. 舞动治疗在心理创伤中的应用 舞动治疗可以帮助人们缓解心理创伤。舞动治疗的过程是通过身体动作这种独一无二的载体，来平衡统一身、心、智和社交功能的治疗方法。可以帮助人们提高心理能力、改变原来较僵化的行为模式，从而更好地适应生活。从身体感受和象征意义两方面表达内心，从而使人不仅可以对自己的意识过程有更好的认识，而且可以更好地理解他人。已发表的研究表明，我们可以通过有意识地舞动治疗技术，增加心身联系来逆转情感和身体伤害。呼吸调节也可以帮助患者缓解焦虑、改善情绪、减轻疼痛、增强免疫力和提高大脑功能。

4. 舞动治疗的放松方法分享

第一次治疗：气息识别

教具：瑜伽垫。

准备动作：请松开发髻平躺，双手自然放于身体两侧，手心朝上（必要时可准备小毛毯和矮枕头）。

方法：找一个放松、舒适的姿势躺在瑜伽垫上，尽量放松身体，将身体重量交给地面。

感受自己最自然的呼吸。

感受呼吸时气息的速度、温度、深度。

感受气息进入鼻腔后，在身体内部的流动。

气息有没有在身体某个部位阻滞（如气息可以到肚子，但在胸口会有点堵）。

通过拍打、按压、按摩、揉搓等手法，将胸口阻滞的气息慢慢打通。

用"3+1"呼吸法（3个浅呼吸加1个深呼吸），慢慢将胸口疏通。

吸气时，感受呼吸慢慢地在身体中扩散，吐气时，将身体中的浊气缓缓带出。

第二次治疗：气息疏通

教具：瑜伽垫。

准备动作：请松开发髻平躺，双手自然放于身体两侧，手心朝上（必要时可准备小毛毯和矮枕头）。

方法：吸气时感受新鲜空气从鼻腔进入，慢慢到达头部；吐气时将大脑中杂乱的思绪、浊气等不想保留的内容带出。

吸气时感受新鲜空气通过颈部到达胸腔；吐气时将胸腔中杂乱的思绪、浊气等带出。

接下来依次对腹部、骨盆、脊椎、右臂、左臂、右腿、左腿进行气息疏通。

最后，吸气时，让气息在身体中扩散，直至身体的末梢，比如指尖、脚尖、发梢等，让新鲜空气在身体中深度循环；吐气时，将全身的浊气带出。

第三次治疗：弹、甩、卸

教具：瑜伽垫。

方法：坐姿，双脚分开与肩同宽，膝盖与小腿呈 90° 支撑于地面。

臀部位于椅子的 1/2 处，双臂自然下垂，后背拉长。

指导语：请跟我一起弹指，将手指中不想要的内容弹出去。

请跟我一起甩手腕，将手腕中不想要的内容甩出去。

请跟我一起甩手肘，将手肘中不想要的内容甩出去。

请跟我一起甩大臂，将大臂中不想要的内容甩出去。

请跟我一起吐气，将腹腔中不想要的内容吐出去。

请跟我一起缓慢吐气，脊椎卸力，将脊柱中不想要的内容卸力出去。

请跟我一起缓慢吐气，脊椎、颈椎同时卸力，将脊椎、颈椎中不想要的内容卸出去。

请跟我一起右腿卸力，将不想要的内容卸力出去。

请跟我一起左腿卸力，将不想要的内容卸力出去。

请跟我一起吐气全身卸力，将身体中不想要的内容卸力出去。

接下来，可以用自由甩动、抖动、拍打、弹扫等方法，将身体中不想保留的内容排出。

现在请静静躺在治疗沙发上，静态感受身体内部的气息循环。

案例分享

患者 Y，女，36 岁，已婚，未育，钢琴老师，自幼父母离异，患者与外公、外婆、母亲一起生活，母亲性格偏激，会经常辱骂患者，或因小事抱怨数小时，从未于精神科就诊，父亲多年无业，与患者多年未见，患者依赖外婆，最疼爱自己的外婆离世 1 年。

2020 年 4 月底患者因与母亲吵架出现心情差，心烦，总想大喊，爱发脾气，当时想杀人，想咬嘴，哭泣，听到母亲声音感到害怕，排尿延迟，尿频，手抖，睡眠时间多，晚上 7 点之后不敢出门，出门不敢往前走，经常哭泣（出现一点不开心的事就会哭泣）等情况。2022 年 8 月首次于门诊就诊，诊断复杂性创伤后应激障碍（complex post-traumatic stress disorder, CPTSD），先后换用多种药物治疗，患者规律服药，情绪仍欠稳定，有时急躁，发脾气，每月定期门诊复诊。

2022年2月姥姥去世后，患者情绪差，晨起常哭泣，自责，认为自己做了很多错误的决定，如因为自己把姥姥送错医院才导致姥姥很快离世，常想起姥姥去世前3天的事，总想和姥姥一起离开世界。有时会害怕，天黑不出门，平时与老公和舅舅在一起生活，担任钢琴老师，基本可以胜任，进食多，吃完饭后还会吃很多零食、水果，吃到腹胀时会服用通便药物，睡眠多，睡眠不实，总做与姥姥相关噩梦，夜间醒来必须去上厕所。不想去健身，平时没课时自己都不愿起床洗漱，每天都是舅舅给自己做饭，不出去活动，精力体力差，没有感兴趣的事情。和老公沟通交流少，感受不到老公对自己的关心，不能关心老公。与母亲关系差，小时候父母离异，患者与母亲一起生活，未再与父亲联系，母亲经常会辱骂患者，经常有矛盾，目前仍不能听到母亲说话，之前与母亲说话后出现恐惧、气短、呼吸困难的情况，见到母亲就紧张害怕，不想与母亲说话，不想见到母亲，微信拉黑母亲，想从母亲的生活中逃离。存在咬嘴、咬手、抠脸、抠脚等行为，称抠出血心里才会舒服些，之前是在紧张的时候抠，现在放松的时候也会抠，有时会有乱花钱买化妆品、衣服，买的时候很开心，买完就后悔，每月能花2万~3万元。

患者刚刚来到我的门诊时眼睑低垂，面部表情匮乏，眼神空洞，嘴角下垂，面部毫无生气，整个人像是没有支撑一样软绵绵的。提起姥姥会不停地哭泣，眼睛浮肿，黑眼圈重。患者对姥姥去世深感痛苦，重复自述"姥姥忘了把我带走"。在外面常会处于戒备状态，警觉性强，走在路上常回头，害怕噪声，回避见到母亲，不敢接母亲电话，感受不到老公的关心，难以感受外界情感，噩梦增多，常会梦到外婆去世的场景，感到自责，认为自己一事无成。

和患者共同商定通过舞动治疗来改善创伤症状，计划是每周1次，共16周个体舞动治疗。

以下为具体舞动治疗记录。

模块一：关系建立

第一次治疗：关系建立。

互相认识。舞动治疗介绍，包括起源、运用领域、目的、大概的治疗流程介绍。原则介绍，包括无美丑、无评判，无建议，在安全的情况下尽量做到无束缚，只要是属于自己的身心连接、体验、表达，都是宝贵的。带领患者认识自己的身体，引导患者热身，做镜像动作游戏。

目的：建立关系，热身，了解舞动治疗的形式，了解原则，肢体非语言互动。

模块二：身心整合

第二次治疗：身体整合。

站立，双脚分开与肩同宽，用最自然的姿态站立。将身体各个关节像搭积木一样，一节一节地叠起来将身体关节从脚到头进行扫描，整合身体；边做边扫描身体。身体叠加之后，将身体想象成一支铅笔，缓慢、轻柔地向前后左右4个方向倾斜，尝试找到最不费力的平衡站立姿势。然后，吸气时延长身体，吐气时放松身体，不要将呼吸卡在胸腔，尽量让呼吸在身体中扩散。

目的：增加身体的感知，感受身体的整合性、平衡感，身心调节。

第三次治疗： 气息识别。

展开瑜伽垫，用身体最自然的姿势平躺在瑜伽垫上，双手打开，手心朝上，放于骨盆两侧。感受气息的温度、频率、深度。感受呼吸在身体各个部位的流动，头、肩、胸、腹、肩胛骨、脊柱、骨盆、四肢、指尖及脚尖等。

目的：通过呼吸在身体中的流通，把注意力拉回到自己身上，促进身心合一。

第四次治疗： 气息疏通。

展开瑜伽垫，用身体最自然的姿势平躺在瑜伽垫上，双手打开，手心朝上，放于骨盆两侧。通过由内至外的呼吸方法，找出气息在身体上的阻滞部位，尝试用拍打、按压、揉搓、抖动等方式，将呼吸的阻滞点慢慢疏通。

目的：让气息在身体上自由地扩散，直至身体末梢。

模块三：肌张力调节

第五次治疗： 身体重力感知。

展开瑜伽垫，用身体最自然的姿势平躺在瑜伽垫上，双手打开，手心朝上，放于骨盆两侧。尽量放松身体，慢慢地将身体重量交给地面。缓慢地依次转动头部、右手臂、左手臂、骨盆、右腿、左腿，重力按压肩胛骨、后背、骨盆。

目的：感受各个身体部位与地面接触时的压力，感受身体的重量，感受活动时身体压力的变化。

第六次治疗：呼吸肌张力调节。

展开瑜伽垫，用身体最自然的姿势平躺在瑜伽垫上，双手打开，手心朝上，放于骨盆两侧。尽量将身体重量交给地面。吸气时绷紧肌肉，吐气时放松肌肉，依次对头、颈、肩、胸、肩胛骨、后背、骨盆、四肢、手部及脚部等肌张力进行呼吸调节。

目的：感受肌张力的变化，感受肌张力紧绷与放松时，情绪的体验。

模块四：情绪识别、表达、释放

第七次治疗：情绪识别。

展开瑜伽垫，用身体最自然的姿势平躺在瑜伽垫上，双手打开，手心朝上，放于骨盆两侧。尽量将身体重量交给地面。从头到脚一点一点地对身体进行扫描，把情绪堆积最多的身体部位找出来。找到之后，用语言描述出来。比如情绪堆积在身体的哪个部位？这个情绪的颜色、重量、质地、大小是怎样的？将这种情绪通过即兴动作的方式表达出来，在空间中自由地舞动。

目的：识别自己的肢体情绪，将其可视化，并通过即兴动作表达出来。

第八次治疗：情绪表达。

站姿、闭上眼睛，通过呼吸在身体中的扩散，找到情绪堵塞的地方。将这个情绪用肢体动作画出来。把自己的身体想象成一支画笔，上面有各种颜色，通过即兴动作，将这个情绪画出来。无美丑、无评判，引导来访者身心连接去表达。

目的：用即兴的动作将情绪表达出来。

第九次治疗：情绪释放。

站姿、闭上眼睛，通过呼吸在身体中的扩散，找到情绪堵塞的地方。通过弹、甩、放及卸力等动作元素，将身体中的情绪释放出来。

目的：情绪释放比情绪表达更强烈，适合情绪堆积更严重的来访者。

模块五：问题解决

第十次治疗：症结寻找。

（1）把注意力放在自己身体上，感受身体周围的空间、颜色、质地。引导患者用动作慢慢地走出这个包裹，感受外面的世界。

（患者非常困难，通过很多努力，慢慢地走出了这个厚重的包裹，看到了她的姥姥。）

感受一下你的姥姥，她在干什么？你又想做什么？

（患者走过去，做了一个紧紧拥抱的姿势，泣不成声。）

她对你做了些什么？说了些什么？

（她抱着我，希望我好好的。）

给患者留出足够的情绪释放空间。

（2）引导患者松开抱着姥姥的手，尝试与姥姥分离。

（患者不愿意松开。）

让患者了解到去世不等于再也不见。她的爱，她留下的点点滴滴，会一直在你的生命中延续，甚至通过你，把这种爱扩散出去。引导患者再次尝试将双手慢慢放开。

（患者做了很多努力和尝试，随着双手的松开，痛哭流涕。）

（3）邀请患者分享自己的感受。

（感觉姥姥离我越来越远了。）

强调离开不等于再也不见，可以带着姥姥留下的珍贵的爱，继续生活，共同生活。

（4）找出患者的真实意愿。

引导患者通过动作，找出自己的意愿。右手举起代表没有能力从悲伤中走出来。左手举起代表自己不愿意从悲伤中走出来。

（来访者举起了左手，说自己有能力，但是不愿意走出来。）

模块六：能量收集

第十一次治疗：力量感知。

引导来访者感受环境中的力量，地面、墙面坚硬的力量，风、气流流动的力量，椅子、沙发支撑的力量，天空、云朵广阔的力量，花草、树木、小动物生命的力量。

通过观察、眺望、拥抱、触摸、抚摸、按压及依靠等动作元素，将这些力量吸收到自己的身体上，让自己变得更有力量。

第十二次治疗： 力量收集。

感受自己身体的力量，身体周围的力量，环境中的力量，将自己可收集力量的范围扩大，甚至扩大到宇宙中的力量，地球运转的力量等。通过即兴的动作，将感受到的力量与身体进行连接，通过观察、眺望、拥抱、触摸、抚摸、按压及依靠等动作元素，将这些力量吸收到自己的身体上，让自己变得更有力量。

模块七：人际关系处理

第十三次治疗： 撕标签。

引导来访者通过动作，感受自己身上的标签。找出一个最想去掉的标签，把这个标签在身体中的位置找出来，尝试用抖动、甩动、拍打、拔出及撕掉等动作，将这个标签一点点清除。继续重复上述动作，清除其他的标签。能够友好共存的标签可以继续保留。

第十四次治疗： 建立保护机制。

通过即兴动作，建立身体的保护屏障，它们可以是不同质地、厚度、色彩及大小的屏障，将这些屏障隐秘放置在身体周围合适的位置，按需使用。当一些不想要的标签贴过来时，尽量不要让它们穿过屏障。

第十五次治疗： 触角修复。

将身体与外界联系的触角进行分类。将接收善意的、恶意的、悲伤的、快乐的、恐惧的及力量的触角进行平衡。尽量将这些触角接收到的信息平衡，不要只接收某一种或某几种信息。

模块八：回顾总结，预防复发

第十六次治疗： 回顾总结，预防复发。

总结舞动治疗中的感受，巩固收获，强化习得的能力，用身体收集力量，预防复发。

在经过 16 次舞动治疗后，Y 的焦虑情绪明显减轻，警觉症状减轻，尝试与母亲联系，不再想随姥姥一起离去，开始想要回归自己的生活，并计划和老公进行一场旅行，但仍存在表情呆板，表达能力弱等症状，需要给予进一步舞动治疗以实现康复。

第五节 | 家庭干预

在生活中，很多人都会经历某种形式的心理创伤，如失业、离婚、家庭暴力、亲人去世等。这些经历会对个人的心理和行为产生深远的影响，在对于创伤的研究中我们提出这样一种概念——自我领导力，这是一种自我疗愈的能力。但对于家庭来讲我们也应该拥有自己家庭的"家庭领导力"，家庭不仅仅是一个基本的血缘或婚姻关系构成的单位，更是一种深深植根于文化、价值观和社会规范中的概念，在面对创伤事件时也应该发挥家庭的力量，让我们的家庭成为一个拥有复原力的地方，成为一个可以提供彼此支持的环境。治疗创伤的最大挑战是重新建立对自我的理解和管理，对于家庭来讲我们的力量会更加强大，在彼此支持的同时，帮助家庭成员不再被过去的事情和感受困扰，不再感到不堪重负、愤怒、羞愧和崩溃。也就是在家庭环境中我们需要找到一种平静而专注的共处模式，在面对那些能够触发痛苦回忆的图像、思维、声音和躯体感觉的时候，我们共同面对，找到更加客观和理性的方式去解决问题，处理情绪。找到一种让整个家庭都能充满活力及生活动力，能让彼此亲近的生活方式，不再需要把让人痛苦的"秘密"保守在自己心中。此部分我们将介绍创伤如何影响家庭，以及我们如何发挥家庭的力量并在家庭环境中疗愈自己。

一、创伤后我们的家庭变化

1. 创伤对家庭关系的影响　最显而易见的是创伤性事件对个体心理和行为的影响是深远的，可能会引发一系列的情绪反应和认知行为变化。同样，我们都是社会人，生活单位都以家庭为主，心理创伤在影响个体的同时也会进一步影响家庭关系。中国的传统文化中，家庭的概念具有深厚的历史和哲学内涵。家庭被视为个人最重要的社会单位，具有至高无上的地位。家庭中的每个人都有自己的角色和责任，尤其是在创伤性事件发生以后家庭中每个人的角色和责任就愈发显得突出。

（1）家庭价值观：中国的传统文化中也非常注重家庭价值观，如尊重长辈、关爱子女、团结互助等。这些价值观在家庭成员之间的关系维护和家庭环境的营造中起到了至关重要的作用，在面对创伤性事件的打击、增强自我复原力的过程中，也可以帮助家庭成员获得更多的由家庭价值观带来的鼓励和支持。

（2）家庭中的情感寄托：家庭在中国文化中也是一种情感寄托。家庭成员之间的亲情和爱情都是非常关键的。在中国的传统文化中，家庭成员之间要相互尊重、相互关心、相互爱护，只有这样，才能让家庭成为一个温馨和谐的地方，让每个家庭成员都感到幸福和满足，在面对困难时充满力量和勇气。

那么，在中国传统文化背景下的创伤是如何影响我们的家庭，我们的家庭又该如何从创伤中恢复呢？

首先，创伤性事件可能导致个体出现情绪困扰，包括焦虑、恐惧、抑郁及愤怒等负面情绪。这些情绪可能长时间伴随着个体，影响其日常情绪状态，导致生活质量的下降。这种情况可能会使个体在面对创伤性事件的相关情境或线索时感到敏感，产生持续的心理困扰和生理反应。

其次，创伤性事件也可能影响个体的认知过程。第一，可能导致个体经历注意力不集中、记忆力减退、思考能力下降等认知方面的改变。这些变化可能使个体在应对日常生活和工作时感到困难，例如难以集中精力完成任务、难以记住重要的家庭事件或进行合理的决策等。这些困难可能进一步导致个体对日常生活和工作的满意度下降，影响其心理健康和生活质量。第二，个体的认知变化还可能影响其理解能力，进而影响与家庭成员之间的沟通和互动。个体可能无法有效地表达自己的想法和情感，导致家庭成员之间的误解和矛盾。例如，如果个体经历记忆力减退，可能会忘记重要的家庭事务或对家庭成员的请求充耳不闻，这可能导致家庭成员之间的不满和不理解。第三，个体的认知变化还可能影响其对家庭事务的决策能力。例如，如果个体经历思考能力下降，可能难以做出合理的家庭决策，如管理家庭财务、安排家庭活动等。这可能导致家庭成员之间的矛盾和不理解，进一步影响家庭的整体功能和健康。

此外，创伤性事件还可能改变个体的行为模式。个体可能表现出社交障碍、回避行为、高度敏感反应等行为特征。这些行为反应可能与创伤事件相关的压力和焦虑有关，也可能影响到个体的人际关系和社会功能。个体可能在创伤后出现回避行为、社交障碍等行为特征，不愿与家庭成员交流或参加家庭活动。这些行为反应可能导致家庭成员之间的互动减少，家庭气氛变得沉闷和紧张。

同时，创伤性事件可能使个体对类似的情境或线索产生高度敏感反应，即产生条件性恐惧或创伤后应激障碍。这种情况下，个体可能对与创伤事件相关的刺激物（如声音、场景等）产生强烈的负面反应，甚至可能重现创伤性事件的相关情境，导致持续的心理困扰和生理反应。

最后，如果家庭长期在创伤阴霾笼罩下，这种负面的情绪状态会持续影响整个家庭的日常生活和家庭关系，也可能对家庭的整体健康和发展产生负面影响。例如，如果个体长期处于负面情绪状态，可能会导致身体疾病、免疫系统问题等健康问题，这些问题可能会进一步影响家庭的整体健康和发展。

总的来说，创伤性事件对个体心理和行为的影响是多方面的，可能涉及情绪、认知和行为等多个方面。对于受到创伤的个体，及时的心理健康支持和专业治疗是必要的，家庭成员也应该关注和支持受创伤的个体，加强沟通和信任，理解和支持彼此，共同面对心理创伤带来的影响。家庭成员之间需要建立正向的互动和共同的目标，建立良好的沟通和支持系统，增加家庭成员之间的归属感，增强家庭的凝聚力和稳定性，帮助个体走出创伤的阴影，重新恢复正常的家庭生活。

2. 难以逾越的家族代际传递 印象深刻的一段来自卡尔·荣格的话："我十分强烈地感觉到，我受着某件事情或某个问题的影响，那件事未完成或者那个问题没有得到答案，它是我的父母、祖父母乃至更远的祖辈所遗留下来的。它的存在仿佛是家庭中的某种因缘，由父母传递给孩子。它让我觉得我必须去完成，或者可能是延续那些先辈还未完成的事件。"看了这段话之后感受有些复杂，一方面是她作为其中一员能后撤一步看到这些纠缠的关系，另一方面是那种无力感。用心理学术语来说，这种情况被称为"代际传递"，我们发现一个现象，就是在创伤阴霾笼罩下的家庭也无法逃离家族中的代际影响。

创伤的代际传递是一个复杂而且深远的影响，它可以在个体基因上留下化学痕迹，并传递给下一代。这种传递并不是遗传学层面的改变，而是表观遗传学层面的改变。简单来说，就是基因的表达机制发生了改变。这种改变不会引起基因突变，但会影响到基因的表达方式。

比如，如果一代人经历了创伤事件，可能会导致他们的孩子也经历类似的创伤事件。这种创伤事件可能包括情感上的创伤，例如家庭暴力、父母离世等。此外，这种创伤的传递也可能包括行为上的创伤。例如，如果一代人经历过长期的压力或应激，可能会导致他们的孩子也表现出类似的行为特征。这些行为特征可能包括焦虑、抑郁、自闭等。

研究还发现，这种创伤的代际传递具有一定的规律。一般来说，第一代人如果遇到一个重大创伤，可能就比较压抑。这种压抑情绪可能会影响到他们的孩子，使孩子也表现出类似的情绪特征。由于情绪的影响也可能会使其遭遇相同创伤，如此重复循环。

总的来说，创伤的代际传递是一个复杂的现象，为了减少这种影响，需要及时的心理健康支持和专业治疗，以帮助个体应对创伤事件带来的心理和行为影响。同时，也需要建立良好的家庭支持和沟通环境，以帮助家庭成员之间相互理解和支持，减少创伤事件对整个家庭世世代代的影响。

既往受过创伤的人即便长大成人，自己做了父母，也会不自觉地将曾经自己是孩童时被兄弟姐妹欺负的场景联想到当下，看到自己调皮捣蛋的孩子，也不免会触发对多年欺负自己的表哥的愤怒之情，还有在原生家庭中爷爷奶奶的偏爱，让自己总感受到不公平的待遇，更无法对表哥进行有效的反击。如此这样压抑和愤怒的情绪并不会随着时间而消失，只会在身体中发酵，下意识地发泄和转移到自己所面对的孩子身上。孩子成了母亲在幼年时创伤感受的替罪羊，而自己所生的孩子就变为了原生家庭中调皮表哥的替身。

3. 如何处理家庭中创伤的代际传递　在应对创伤的修复过程中我们该如何应对难以逾越的代际传递呢？我们应该主动调动自己的能动性，有意识地调整认知，接受事物的两面性，进入自我激励的模式，主动去治愈和阻挡创伤遗传。在家庭环境中，增强家庭成员的凝聚力，专注于想要达到的家庭的共同目标，而非你想要逃避或者劣势的方面，这样更有利于完成目标，增强信心，具体做法如下。

（1）观察家庭成员的行为和情绪表现：如果家庭成员表现出与创伤相关的行为或情绪，例如焦虑、抑郁、愤怒等负面情绪，或者出现回避行为、社交障碍等，可能是创伤造成的代际传递。此时需要关注家庭成员的表现，并尝试理解他们的感受。同时也要时刻关注自我的情绪变化和感受，如果发现周围大部分关系都出现了问题，请反思一下自己的行为，再深究一下自己的心理，探究一下你给别人造成伤痛的原因。也许这是从童年就开始产生的伤痛和不良的情绪，因为伤痛没有及时被治愈，情绪没有得到有效的疏导，而影响了自己的人格或者心理。

（2）倾听家庭成员的讲述：与家庭成员进行开放、诚实的沟通是发现伤痛的关键。可以倾听他们讲述自己的经历和感受，并尝试理解他们的观点和感受。这种沟通可以帮助家庭成员之间建立更紧密的联系，并减轻创伤的影响。

（3）了解家庭成员的背景和历史：了解家庭成员的背景和历史可以帮助发现创伤的源头。可以了解他们的成长经历、家庭环境、父母关系等，并尝试理解这些因素对他们的心理和行为的影响。

（4）建立安全的家庭环境：家庭环境应该是安全的，让孩子感受到父母的爱和支持。如果孩子感到不安全，需要尽快采取措施来改善家庭环境，例如寻求专业帮助或改变家庭规则。

（5）寻求专业的心理帮助：如果创伤的影响非常大，或者家庭成员的创伤症状持续存在，可能需要寻求专业的心理治疗帮助。可以咨询专业的心理医生或心理咨询师，了解更多关于创伤和创伤治疗的信息。同时，也可以在专业人士的指导下，开展家庭治疗和集体疗法，帮助家庭成员之间建立更紧密的联系。

（6）自我接纳、修复过去的创伤：通过积极的沟通和疗愈措施，可以帮助家庭成员减轻创伤的影响，建立更健康、更积极的关系。这可能包括面对过去的痛苦经历、寻求专业帮助、参加心理治疗小组等。例如面对原生家庭的伤害，首先我们要明确的一点是，如果你发现了自己的创伤，或者原生家庭带给你的负面影响、伤害，不是父母有意为之，这个伤害的出发点和其他性质的恶意伤害是有本质区别的，原生家庭带来的诸多伤害到你的东西，是无法改变的，但是如何复原自己却是自己的责任。就像阿德勒所说我们要关注自己能改变的事情，不要把精力放在自己无法改变的事情上。也就是说关注当下，从自我发展的角度去看待原生家庭对于我们在成长过程中的影响。

（7）培养积极的家庭文化：积极的家庭文化可以帮助家庭成员之间建立更紧密的联系和互相支持。可以鼓励家庭成员一起参加有意义的活动，例如旅游、聚会、运动等。同时也可以制定一些家庭规则和价值观，以帮助家庭成员更好地面对生活中的挑战。

总的来说，当在家庭中发现创伤造成的代际传递时，需要我们积极地关注，修补关系，疗愈伤痛，迎接美好。希望每一个受过伤的朋友，无论处于什么样的年龄，都能够充满勇气地面对和改善。好好爱自己，好好爱家人，一起迎接美好的未来。

二、创伤后我们的家庭力量

个体在经历了创伤事件而产生心理障碍后，会对个体的日常生活和人际关系产生严重的影响。因此，家庭支持和社会资源在帮助患者应对创伤后体验起着至关重要的作用。本部分将从多个角度分析创伤后应激障碍的家庭支持，并提出一些有效的解决方案。

1. **情感支持**　家庭成员可以提供情感上的支持，例如倾听、安慰和鼓励，尊重患者的感受。这种支持可以帮助个人感到被理解和关爱，减轻焦虑和压力，减轻患者的负担，帮助他们更好地应对创伤事件的后果。

2. **信息支持**　家庭成员可以提供有关创伤相关的信息，例如寻求专业帮助、康复计划、治疗方法和支持小组等信息。这种支持可以帮助个人更好地了解自己的情况，做出更明智的决策。

3. 日常生活的支持　患者可能在日常生活中遇到困难，例如失眠、食欲减退等。家人可以帮助患者养成良好的生活习惯，例如规律的作息时间和健康的饮食习惯，这些都对患者的康复非常有帮助。还应陪伴、照顾和帮助创伤患者，这种支持可以帮助患者更好地应对生活中的挑战。

4. 建立积极的家庭文化　家庭成员可以一起参加有意义的活动，例如运动、旅行、聚会等。这有助于建立积极的家庭文化，增强家庭成员之间的联系和互相支持。阿德勒曾说："如果我们一直依赖原因论，就会永远止步不前。"我们的家庭也是一样，我们永远在相互推卸责任，那永远就停在原地，一起积极地找寻改变态度和解决问题的办法才是顺利度过创伤的不二法宝。

5. 寻求专业帮助　家庭成员可以寻求专业的心理咨询和治疗帮助，以帮助个人更好地应对创伤的影响。同时，也可以参加心理治疗小组和支持小组，以获得更多的支持和帮助。

总的来说，家庭的情感、信息和日常生活支持对于帮助个人康复非常重要。这些支持可以减轻个人的负担，帮助他们更好地应对创伤的影响，并促进个人的康复和发展。

三、如何识别家庭成员的异常

在创伤后，家庭成员可能会出现一些异常表现，例如情绪低落、焦虑、愤怒及逃避等。这些表现可能是创伤影响的结果，也可能是家庭成员在应对创伤的过程中出现的正常反应。但是，如果这些表现持续存在或者严重影响到了家庭成员的正常生活，就需要引起关注并及时采取措施。以下是一些常见的异常表现（亦可参照第二章创伤的症状和发病机制中的相关内容）。

1. **情绪低落**　创伤事件可能会导致家庭成员情绪低落，感到悲伤、无助和绝望等。这些情绪可能会导致家庭成员失去兴趣爱好、动力和活力等，影响到正常的生活和工作。

2. **焦虑和恐惧**　创伤事件可能会导致家庭成员感到焦虑和恐惧，担心类似的事件再次发生或者担心自己或亲人会受到伤害。这些情绪可能会导致家庭成员出现回避行为、失眠、不安定感等。

3. **睡眠障碍**　指入睡困难、容易被吓醒以及噩梦较多。治疗比较困难，即使其他症状经过治疗得以缓解，睡眠困难也难以得到改善，成为残留症状，使患者不能痊愈。

4. **愤怒和敌意**　创伤事件可能会导致家庭成员感到愤怒和敌意，对他人或自己产生攻击性行为。这些情绪可能会影响到家庭成员的人际关系和社会功能。

5. **自我孤立**　创伤事件可能会导致家庭成员自我孤立，不愿意与他人接触或交流。这些情绪可能会影响到家庭成员的社交和心理健康。

6. **身体症状**　创伤事件可能会导致家庭成员出现身体症状，例如头痛、胃痛、呼吸急促等。这些症状可能会影响到家庭成员的身体健康和生活质量。

7. **创伤性再体验**　指在意识清醒的情况下，不断出现突如其来的回忆，以及脑海中长时间出现创伤性事件的场景。这些症状可能会导致患者无法正常生活，因为它们会不自觉地侵入患者的思维。

8. 逃避 在受到创伤之后，患者可能会回避与创伤事件相关的场景或者话题。这种症状可能表现为有意识或无意识的回避，例如不愿意参加某些活动或者避免与某些人接触等。

9. 麻木 对周围的环境刺激反应迟钝也是创伤后应激障碍的症状之一。患者可能会感到自己与周围的环境疏离，对生活中的一些事情失去兴趣和反应。

10. 警觉性增高 部分患者会出现自发性状态，通常表现为警觉过度以及易受到惊吓的状况，还可能伴随焦虑症状。

如果家庭成员出现了以上异常表现，需要关注并及时采取措施。

由于创伤导致出现一段时间的心情低落、情绪不稳定是很正常的，一般持续时间比较短暂，社会功能基本没有损害，或者通过心理危机干预可以得到有效迅速地缓解，多为一过性的反应。但如果应激反应一直存在，情绪的主观感受很痛苦并伴有很多躯体症状，对于创伤性事件有持续的重复的体验，有显著的回避行为持续 1 个月以上，并且影响到正常生活，则需要考虑创伤后应激障碍的可能性，应去相关医院就诊。作为家属我们应该警惕以上需要治疗的情况。

四、创伤后的家庭康复计划

创伤后的家庭康复计划是帮助家庭成员康复并重新建立正

常生活的重要步骤。

1. 制定目标　家庭成员首先需要制订明确的目标，例如个人需要达到的身体、心理和社会适应等方面的目标。这些目标应该具体、可量化，并制订相应的计划来实现它们。

2. 建立支持网络　家庭成员需要寻找支持网络，例如亲友、医生、护士及治疗师等。这些支持网络可以提供情感、信息和生活上的支持，帮助家庭成员更好地应对创伤的影响。家庭成员之间的交流是重要的康复因素。家庭可以定期进行"家庭会议"，讨论家庭成员的感受和需求，并寻找解决问题的方法。这种交流可以促进家庭内的理解和支持。创伤事件可能会破坏家庭成员之间的信任。家庭康复计划应该注重重建信任的过程，通过开放的对话和相互理解来增加彼此之间的信任和安全感。但是在这个过程中我们要张弛有度，家庭每一位成员都是平等的，既不应该用长辈的身份去诋毁压制晚辈的思想，也不应该把自己的想法强加于别人，特别是在经历创伤后我们更应该合理沟通，尊重对方、倾听对方的真实想法。

3. 接受专业帮助　家庭成员可以寻求专业的帮助，例如心理咨询、治疗、康复等。专业的帮助可以提供更有效的支持和治疗，帮助家庭成员更好地应对创伤的影响。

4. 建立积极的家庭环境　家庭成员可以一起努力创造积极的家庭环境，例如互相支持、鼓励、关心和理解等。这有助于增强家庭成员之间的联系和互相支持，并减轻创伤的影响。

5. 制订日常计划　家庭成员可以制订日常计划，例如安排定期的作息时间、饮食时间、锻炼时间等。这有助于恢复正常的日常生活，并减轻焦虑和压力。

6. 培养兴趣爱好 家庭成员可以尝试培养一些兴趣爱好，例如阅读、音乐、绘画及运动等。这有助于分散注意力，减轻创伤的影响，并促进个人康复和发展。

总的来说，创伤后的家庭康复计划需要全面的考虑，并结合家庭成员的实际情况制订相应的计划。通过建立支持网络、接受专业帮助、建立积极的家庭环境、制订日常计划以及培养兴趣爱好等方法，可以帮助家庭成员更好地应对创伤的影响，并促进他们的康复和发展。康复计划的制订是一个渐进的过程，需要不断评估和调整。家庭成员应该与治疗师和其他专业人员保持沟通，共同为患者提供支持和帮助。如果康复进展缓慢或出现其他问题，家庭可以协助患者重新评估康复计划，并寻找其他适合的治疗方法。通过家庭的爱和关怀，心理创伤后亲历者可以重建他们的生活，并恢复他们的心理健康。

创伤对于家庭不仅意味着伤害，还意味着成长的机会，改变的动力。如何看待挫折、面对挫折比经历挫折本身更加重要。在经历过程中，我们可以有重新开始的契机，重新选择、创造和体验！把创伤当作一种家庭成长的过程，在这个过程中我们一定会有集体的智慧和勇气，增强家庭意识、增强解决问题的能力、建立更好的人际关系、增强彼此感恩尊重的心态、发现家庭内在的力量。用积极的心态走出创伤的阴霾，造就一个全新的家庭结构和关系。期待我们每一个家庭都是有力量的，都能乘风破浪，经历风雨，遇见彩虹。

案例分享

生命的阴霾与微光：齐齐哈尔某中学体育馆坍塌后的心灵重建

在黑龙江省齐齐哈尔市的一个平凡春日里，阳光本该如往常般温柔地洒落在齐齐哈尔市某中学的每一寸土地上，给这座承载着无数学子梦想与欢笑的校园披上金色的外衣。然而，一场突如其来的灾难，却像一块沉重的阴云，瞬间笼罩了整个校园，尤其是那座曾经见证无数汗水与荣耀的体育馆，在那一刻，成为了所有人心中无法抹去的伤痛。

那天下午，李明（化名）和同学们像往常一样，满怀期待地踏入体育馆，准备继续篮球训练。阳光透过半开的窗户，斑驳地照在地板上，一切都显得那么和谐而美好。然而，就在这份宁静即将被欢呼声打破之时，一声巨响，如同天崩地裂，整个体育馆开始剧烈摇晃，随后便是无尽的黑暗与绝望。在那一刻，时间仿佛凝固了。李明惊恐地环顾四周，只见四周的同学们被突如其来的灾难吓得惊慌失措，有的尖叫，有的哭泣，更多的则是无助地四处逃窜，试图寻找一丝生还的希望。然而，在这突如其来的灾难面前，人类的力量显得如此渺小。李明目睹身边的同学，一个接一个地在他的视线中慢慢失去声音，失去气息，最终成为了这场灾难中的受害者。那种无力感与恐惧，如同冰冷的潮水般将他淹没。

当救援人员终于冲破重重困难，将李明从废墟中救出时，他的身体虽然只是受到了腿部的轻伤，但心灵上的创伤却远非如此简单。获救后的李明，变得异常敏感，对周围的声音、光线乃至是人们的触碰都充满了恐惧与回避。他常常在夜深人静时，被噩梦惊醒，梦中满是同学们无助的眼神和绝望的呼喊。白天，他则像是被一层看不见的膜包裹着，对周围的一切都变得麻木而冷漠，仿佛整个世界都已失去了色彩。

面对这样的状况，学校、家庭以及社会各界迅速行动起来，为李明以及其他受害者提供了必要的医疗救治与心理援助。在精神科医院里，他接受了多模式的治疗方法，包括认知行为疗法、药物治疗和支持性心理治疗。医生首先通过药物来帮助他稳定情绪，减轻焦虑和抑郁的症状。与此同时，认知行为疗法帮助他识别和调整那些不合理的思维模式，如过度自责或夸大的恐惧。其中，家庭干预技术成为了帮助李明走出心理阴霾的重要一步。

被救出后，他的腿部受到了轻伤，但更严重的是心理上的创伤。事后，他表现出明显的敏感、回避和麻木等症状，对任何与体育馆坍塌相关的事物都反应强烈，情绪波动大，时常会在梦中重温那恐怖的场景，醒来时一身冷汗。精神科医生诊断他为创伤后应激障碍，并建议立即开始专业的干预和治疗。

初识阴霾，温柔以待

在心理专家的指导下，李明的家人首先意识到，要帮助李明走出创伤，首先要建立起一个充满爱与信任的家庭环境。在医生与治疗师的帮助下家人掌握了治疗的进展和李明当前的心理状况。面对他的变化，家人心急如焚，但一直坚持治疗。通过家庭干预，家人了解到这是他在用自己的方式应对创伤，而他们能做的就是给予更多的理解和支持。在家里，他们创造了一个安静、舒适的环境，尽量减少可能引发他回忆的刺激。

倾听心声，共渡难关

家人时刻准备着倾听他的感受，给予他最需要的情感支持。就这样，父母成了他最忠实的听众。每当他愿意开口讲述那些痛苦的回忆时，他们总是耐心地倾听，不打断、不评判，只是用温柔的眼神和紧握的双手传递着他们的爱和支持。他们还特意调整了家庭氛围，让家里充满温馨和安全感，让他感受到家的温暖，是他避风的港湾。

重建信任，重拾希望

情绪释放与认知重建：为了帮助李明释放内心的压抑情绪，心理专家引导他通过绘画、写作等方式表达自己的感受。在此过程中，李明将自己内心的恐惧、悲伤与愤怒——倾泻而出，仿佛卸下了千斤重担。同时，专家还通过认知行为疗法，帮助李明重新评估灾难事件对自己的影响，学会以更加积极、理性的态度面对生活中的挑战。他逐渐明白，虽然灾难无法改变，但自己可以选择如何去面对和接受它。治疗师还引导家人帮助李明勇敢地面对那些在他心中留下深刻痕迹的回忆。在安全的环境下，他学会了如何逐步地、在控制的条件下重现那些灾难的记忆，从而减少这些记忆对他的情绪冲击。这种暴露疗法虽然艰难，却让他逐渐减少了对回忆的恐惧，增强了他的自我控制和自信心。

专业助力，共克时艰

为了帮助李明重新融入社会，家人和专家还精心安排了一系列的活动，如家庭出游、社区志愿服务等。这些活动不仅让李明有机会接触外面的世界，还让他感受到自己仍然被社会所接纳和需要。在参与这些活动的过程中，李明逐渐找回了生活的乐趣与意义，脸上的笑容也多了起来。他们鼓励他参与家庭活动，尝试重拾以前的兴趣爱好。同时，家庭成员也学习了如何识别他的症状和需要，给予他耐心和理解，同时也鼓励他的独立性和自我照顾能力。

爱的奇迹，绽放新生

在家庭和医院的双重支持下，在医生的协助下，李明为自己制订了个性化的康复计划，包括药物治疗、心理教育等多个方面，以全方位地促进他的心理康复，确保他的心理状态得到持续的关注与改善。他经历了漫长但充满希望的康复之路，虽然治疗的过程中有许多挑战和困难，但他逐渐学会了如何管理自己的情绪和应对日常生活中的压力。他的睡眠质量得到了改善，他也更能享受与家人和朋友在一起的时光。经过数月的专业治疗和家庭支持，他的症状有了显著的缓解。虽然他仍然需要继续进行治疗和复查，但他已经能够重新回到学校，继续他的学业和社交生活。家庭干预和精神科医院的治疗效果显著，让他重新找到了生活的希望和乐趣。

这个故事是一个关于悲痛、勇气和希望的故事。它向我们展示了家庭、专业医疗人员和患者本人在面对心理创伤时，通过合作、爱和科学的方法，可以共同克服困难，最终找到治愈的道路。这个学生的勇气和坚持，以及家庭和医疗团队的支持和努力，共同编织成了这段从绝望到光明的治愈之旅。对于李明虽然经历了巨大的痛苦与磨难，但正是这些经历让他学会了成长与坚强。他用自己的故事告诉我们：无论遭遇多大的困难与挫折，只要我们有爱、有勇气、有坚持，就一定能够走出阴霾，迎接属于自己的光明未来。

第六节 ｜ 生物学治疗

一、药物治疗

诺贝尔文学奖获奖者辛波斯卡曾写过一首诗，描述了抗焦虑药物的效用。

我知道如何对付不幸，如何熬过噩耗，挫不义的锋芒，补上帝的缺席，帮助你挑选未亡人的丧服。

你还在等什么，对化学的热情要有信心。

……

把你的深渊交给我，我将用柔软的睡眠标明它。

你将会感激，能够四足落地。

乘上心理治疗的长途列车，有些人到达了理想目的地，回到了舒适、安全的巢穴。但也有些人依旧惶惶不可终日，紧张、恐惧、颤抖、惊醒，甚至绝望无助，担心自己永远这样下去。

那么，除了心理治疗，还有什么能帮助我们呢？

在药物出现之前，弗洛伊德引领的心理治疗和电痉挛疗法（ECT）是治疗精神心理疾病的主要手段。20 世纪 50 年代，首个抗抑郁治疗药物问世，此后药物治疗变成了主力军。到了 70 年代，美国礼来公司研制出了一种安全性更高、效果更确切的药物，它就是被很多人熟知的百忧解，化学名称是氟西汀。氟西汀可以有效地抑制 5- 羟色胺（5-HT）再摄取，5-HT 又称为血清素，是一种单胺类神经递质，主要存在于人和动物的神经系统、胃肠道和血小板中。有人称它为"幸福和快乐感觉的贡献者"。血清素的功能很多，除了调节情绪，还可以改善睡眠、食欲，甚至可以提高记忆力、理解力。

许多心理创伤的患者，尤其是创伤后应激障碍患者，常常会出现痛苦情绪、活动减退、注意力不集中、警觉性增高、惊吓反应、闯入性记忆、入睡及维持睡眠困难等核心症状，有研究表明这些症状与血清素关系密切。于是氟西汀首先被应用于创伤患者的治疗中，巴塞尔·范德考克作为一名世界知名心理创伤治疗大师，他的团队在 1994 年进行了一项为期 5 周的研究，在这项研究中，他们发现氟西汀治疗组对于创伤核心症状改善显著优于对照组，尤其在改善持续性警觉性增高症状群和麻木症状群方面更为显著。随着以氟西汀为代表的选择性 5- 羟色胺再摄取抑制剂（selective serotonin reuptake inhibitor, SSRI）的应用，其他同类型药物如舍曲林、帕罗西汀等被发现也对心理创伤治疗有效。另外，其他类型的抗抑郁药也有一定效果，研究显示，米氮平、阿米替林治疗效果优于安慰剂，以文拉法辛为代表的 5-羟色胺去甲肾上腺素再摄取抑制剂（serotonin-noradrenalin reuptake inhibitor，SNRI）类药物也可以有效缓解紧张、恐惧、焦虑、抑郁等症状，即使在症状不明显时，也可以继续服用防止复发。

除了抗抑郁药物，还有一种可以快速帮助患者改善焦虑紧张情绪的药物，也就是我们上面那首诗里提到的"镇静剂"，它的化学名称是苯二氮䓬类药物，这类药物包括劳拉西泮、奥沙西泮、阿普唑仑等。正如诗中所写，它可以带你进入到柔软的睡眠中，也能平复突发的紧张情绪，对于焦虑发作、警觉性增高、易激惹和睡眠障碍的症状都有帮助。苯二氮䓬类药物作用迅速，它可以很快地帮助人们度过情境性危机，但是长期大量使用后，很多人会出现药物依赖或者成瘾，所以一定要在医师的指导下服用。

另外，有些患者可能还需要合用一些其他类型的药物，比如第二代抗精神病药、心境稳定剂等。不同药物的选取、组合、剂量大小都是医生根据每个人不同的情况来进行调整的，所以当需要药物治疗时，还是要到专业的医院找医生进行诊疗。

二、物理治疗

除了药物治疗，物理治疗是另外一种非心理治疗方法。物理治疗是指通过声、光、冷、热、电、力（运动和压力）等物理因子针对人体局部或全身进行治疗。

针对心理创伤，尤其是创伤后应激障碍的患者，有一种新兴的物理治疗方法叫作经颅磁刺激治疗（TMS）。经颅磁刺激治疗是一种安全、有效、无创、无惊厥的神经调节疗法，其利用磁场，对大脑皮层或外周神经进行一种非侵入式的、无痛的刺激，从而调节改善大脑功能。多项研究显示，经颅磁刺激治疗对创伤后应激障碍（posttraumatic stress disorder，PTSD）患者缓解负性情绪、改善认知功能等都有帮助。有研究表明，背外侧前额叶皮质激活减少和腹内侧前额叶皮质激活增加与PTSD 的发生密切相关，所以目前认为使用右侧背外侧前额叶皮层高频经颅磁刺激治疗 PTSD 是 B 级干预（可能有效）。

经颅直流电刺激是另一种非侵入性脑刺激方式，被认为是针对 PTSD 很有价值的治疗手段。经颅直流电刺激通过头皮电极施加弱直流电，调节皮层兴奋性和目标区域的自发神经活动。在创伤治疗领域，经颅直流电刺激的治疗靶向也是集中于背外侧前额叶皮质，经治疗，PTSD 患者症状的出现频率和严重程度显著降低，过度唤醒、抑郁、焦虑、反刍思维、认知功能和生活质量也有显著改善。

与药物治疗相同，在进行物理治疗前也要经过医生的评估，以便更好地根据个人情况制订个体化治疗方案。

第四章

自我心理调节和应对方法

第一节 | 保持心理健康的疗愈方法

一、认知调节

1. 了解关于心理创伤的相关知识　如果你对自己是否经历心理创伤、现实生活是否受到心理创伤的影响，或如何疗愈曾经的心理创伤心存疑惑，反复思考而无果，甚至自己因此感受到焦虑和困扰。那么，你首先可以从了解有关心理创伤方面的知识入手。从政府、医疗机构的官方网站等正规渠道了解关于心理创伤方面的知识，对心理创伤的类别、表现、干预方法等进行科学的认识，这将有助于你识别自己所经历的一些事件是否属于心理创伤的范畴，自己的体验是否符合心理创伤的表现，自己又该如何运用个性化的方法疗愈心理创伤，这将在很大程度上缓解自己的焦虑和担心。

如果自己在现有知识范围内无法判断自己是否属于心理创伤的范畴或自我疗愈无效时，就需要到正规医疗机构的精神科门诊或心理门诊进行咨询，让专业的工作人员来帮助你进行正确的理解，进而获得科学有效的帮助。同时，在获取知识的过程中要特别注意，减少或避免接触带有强烈个人情感色彩的专业知识或其他非专业人员的论断，这些可能都不够客观和准确，对心理创伤的疗愈起到阻碍作用。

案例分享

年轻的女性小 A 经常为自己的暴饮暴食而感到非常苦恼，

于是请了运动私教，还购买昂贵的食谱、代餐，仍难以控制自己突如其来的暴食行为，经常在下班的路上跑到附近的快餐店购买大量的零食，哪怕肚子已经吃得很撑，仍难以控制地要将零食吃完。在苦于找不到其他出路后，小 A 主动来到医院找到专业的工作人员寻求帮助。经心理治疗师的专业分析后发现，小 A 的暴饮暴食与其情绪控制之间存在密切的联系。而小 A 的情绪失控，与父母早年离异，而父母又时常以打压的方式教育小 A 有关。每次小 A 与父母发生矛盾，或者工作上遇到压力时，就习惯性以暴食的方式快速缓解情绪。因而，单纯地控制小 A 暴饮暴食的行为并不能切实地解决小 A 的问题。如果问题超出了我们的能力范围，到专业医院寻求专业人士的帮助将是更高效且有效的解决措施。

2. 识别和改变自己非理性想法 研究表明，大脑会根据以往经验形成相对稳定的认识事物的模式，即图式。在心理学家皮亚杰看来，图式是认知发展理论的核心概念，是主体内部的一种动态的、可变的认知结构，在个体适应环境的过程中，图式不断变化、丰富和发展起来。

个人认知模式的形成过程受到家庭环境、教育环境、社会环境等多种因素的影响，并非所有的认知模式都是合理与适当的，理性情绪行为疗法的大师艾利斯在 1955 年首次提出非理性信念，认为非理性信念是能够引发个体情绪失调和行为失常的偏颇想法，其特性为无弹性、非事实依据、不合逻辑。

通过识别和改变自身的非理性想法来进行自我调节，就是利用了上述原理，对于由个人保有的一些非理性想法导致的不良情绪和非适应性行为，可以从认知的角度入手，觉察一下导致这些不适产生的观念和认识，再进行适当调节和改变，进而获得更舒适的心理体验。

经历过心理创伤的人会在不同的方面保有一些不良的认知。首先是对自我的不良认知。如果心理创伤发生在生命早期，儿童的自我意识仍在逐渐建立，无论经历身体伤害还是情感虐待，由于缺乏足够的关爱和支持，个体很容易对自我形成消极的认知，比如：我一无是处；我不值得被爱；我什么事情都做不好；别人都看不起我，没人在意我的想法；不管我怎么努力，都改变不了自己的厄运等。

其次是对人际交往的不良认知。每个人的成长都伴随着与不同的人进行互动，包括家人、朋友、老师、同学、领导及同事等，伤害性的互动可能会造成创伤，然后带着早期的创伤与他人互动，在互动过程中也可能继续经历创伤，导致个体会产生一些对人际交往的不良认知，比如：在父母眼里，我永远是一个让他们感到羞耻的人；不让父母满意，他们就不爱我了；没人真正在意我、关心我；不能拒绝别人的请求，这样会破坏我们的关系；别人的看法非常重要，做不好，别人肯定会对我很失望；只要我好说话，别人就都会喜欢我；人应该依靠别人，而且需要一个比自己强的人做依靠；好的人际关系就是必须与周围的人都建立好关系；跟我关系亲近的人不管我做什么都会认可我。

再有是对挫折的不良认知。无一例外，每个人在生命中经历丧失、失败、变故等挫折事件是不可避免的，但并不是每个人每次都能够对挫折有着适当的认识并进行合理的应对。很多人受到心理创伤的影响，对自己所经历的挫折事件会产生过度消极的认识，比如：做不好就意味着我是一个失败的人；如果那些不好的事情再次发生在我身上，那一切就都完了；不好的事情总会找上我；不愉快的情绪都是由外界引起的，我自己无法控制；优秀的人应该事事都比别人强；意外随时会发生，所以要时刻警惕；人的行为受到过去经验的影响，只要一件事情对他产生了影响，那么这种影响就会持续一辈子；我们应该对别人的困难与情绪困扰感到不安；对于任何一个问题，都应该有正确的、完美的解决办法，如果找不到，就会很糟糕；如果遇到与自己希望不一致的事情，那就会很绝望。

读到这里的您或许会联想到自己烦恼时候的很多想法与上述列举的情况类似，或者也有一些没有提到的想法，您可以梳理一下，自己的想法是否也带有非理性的特点，可以通过识别这些想法是否有以下一个或几个特征来判断。

（1）要求的绝对化：从自己的主观愿望出发，认为某一事件必定会发生或不会发生，常用"必须"或"应该"的字眼，然而客观事物的发生往往不依个人的主观意志所转移，常出乎个人的意料。因此，怀有这种看法或信念的人极易陷入情绪的困扰，并且由于这种落差感往往会产生一些不恰当的压力。

（2）过分概括化：即对事件的评价以偏概全。一方面对自己存在非理性评价，常凭自己处理事情的结果好坏来评价自己为人的价值，其结果常导致自暴自弃、自责自罪，认为自己一无是处，一文不值而产生焦虑抑郁情绪，如觉得自己无论做什么都做不好。另一方面，对别人存在非理性评价，别人稍有差错，就认为他很坏，一无是处，其结果导致一味责备他人，并产生敌意和愤怒情绪。

（3）糟糕透顶：认为事件的发生会导致非常可怕或灾难性的后果。这种非理性信念常使个体陷入羞愧、焦虑、抑郁、悲观、绝望、不安及极端痛苦的情绪体验中而不能自拔。这种糟糕透顶的想法常常是与个体对己、对人、对周围环境事物的要求绝对化相联系的。

通过判断，如果您的想法符合上述特征，那么可能您需要对自己的这些想法进行重新审视和思考，认识到想法中非理性的部分，替代为更为合理的想法，如我也有做得不错的地方；我和别人的想法同样重要；不好的事情还会发生，我已经有经验去面对了等。

案例分享

一位女性来访者小李，在其幼年时经常目睹父母发生激烈的矛盾冲突，甚至有时会危及双方的生命安全，小李因此常感到非常恐惧。后来父母离异，她跟随母亲一起生活，但她的内心一直对父母的离异充满歉疚感，认为是自己做得不够好才导致父母产生巨大的矛盾冲突，进而离异，破坏了家庭的完整性。随着小李长大，虽然她的学习成绩还不错，毕业后找到一份稳定的工作，社会交往能力也不错，但是每当面对母亲的抱怨和不开心，她的歉疚感就会越发强烈，依旧感觉自己不够优秀、不够上进，进而导致母亲过得不幸福、一直生活在抱怨中。通过心理治疗，小李意识到是自己把父母的离异、母亲的不幸福都归结在自己身上，一直都存在"家人过得不好都是因为我"的不合理认知。通过治疗，小李慢慢地能够看到自己不错的一面，同时对父母离异和母亲的不幸福的认知也能够更丰富、多元化，从而心中的愧疚感也有所减少。

3. 注意转移 注意转移通常用于面对当前无法改变的现状，暂时性地离开痛苦感受的状况，是缓解心理痛苦的一种有效应对方式。

注意转移从字面上理解，就是主动地让注意发生变化，从心理学角度看，这包含了注意的两个重要功能，即注意的选择和注意的转移。

注意是我们认识事物的基础，当我们在观察一只猫、听一首歌、闻一种香气、品尝一种美食的时候，注意都在发挥着作用。人在注意着什么的时候，总是在感知着、记忆着、思考着、想象着或体验着什么。注意是心理活动对一定对象的指向和集中，是伴随着感知觉、记忆、思维及想象等心理过程的一种共同的心理特征。

（1）注意的选择功能：人在同一时间内不能感知很多对象，只能感知环境中的少数对象，即注意是有选择地加工某些对象而忽视其他对象的倾向，这就是注意的选择功能。人的心理活动通常选择对自己有意义的、符合需要的和与当前活动任务相一致的各种刺激，同时避开或抑制其他无意义的、附加的、干扰当前活动的各种刺激。从这个角度说，我们所体验到的主观感受都是自己的选择。我们注意什么是自己选择的，只是这种选择很多时候是无意识的。

（2）注意的转移功能：要获得对事物的清晰、深刻和完整的反应，就需要使心理活动有选择地指向有关的对象。注意是有选择的，这一点使得注意发生转移成为可能。受外部刺激的特点和人的主观因素等影响，人在不同的时间关注的事物会发生变化。注意的转移是指主动地将关注点也就是注意的中心从之前的对象或活动变化到其他的对象或活动上去。

注意转移，就是利用自己的主观能动性改变注意力的选择。

当我们面对一些痛苦的情境时，可以提醒自己主动地调节注意的中心，也就是关注点，仿佛内心中有一个关注点的旋钮，通过旋转它就可以改变当前自己的关注点，就像调整电台的频道一样，当前的"频道"让自己感受不舒服又难以在短时间得到调整，那么可以暂时地调整一下"频道"，让关注点放在其他让自己感到舒适的一些事情上，如听音乐、画画、跳舞、运动、看电影、听相声及照护花草等。

有人会说，这不就是逃避吗？其实不然，这就像战争中的迂回战术，不正面交锋，通过这样的方式能够让自己暂时地抽离痛苦的体验，转而进行其他有意义的活动，在这个过程中，曾经的痛苦情境、体验或消极的想法与观念都有机会得到新的审视和调整，进而间接地调整了自己的心理状态。

案例分享

30多岁的胡女士，自母亲生病后便感到情绪不佳，常感自己跟母亲患了一样的疾病，母亲做手术期间病情加重，胡女士感到情绪崩溃，难以控制的紧张不安，记忆力明显下降，无法正常坚持工作。此后，上述病情反复出现，胡女士甚至感到活着没意思，有多次轻生想法。随后主动来医院就诊，并寻求精神康复科的援助。在康复科的日间康复病房，胡女士首次接触到绘画艺术治疗，从刚开始稚嫩的笔触，漫无目的的情绪发泄，到逐渐发现绘画的乐趣，并享受绘画的过程。胡女士欣喜地发现了自己在绘画方面的天赋，应用绘画的方式将自己从痛苦的现实生活中短暂地抽离出来，审视自己的内心世界。绘画成为胡女士生活中的一部分，帮助她走过一个个难熬的日子，寻找到内心深处被忽视已久的光明。

4. 积极的自我对话 正如莎士比亚所说："事情是没有好坏之分的，全看你怎么去想它。"当你感到自卑、难过、失望的时候，内在充满了否定自我、挑剔自我的声音，尝试通过积极的自我对话不断地建立积极的自我认同，如"我很不错""很努力""很勇敢"，以此充满信心，加强积极、乐观的心态。

接下来请跟随我的指导语开始进行积极的自我对话吧！

首先，做几次深呼吸，保持安静放松的状态，然后用积极的自我对话方式，正面地表达自己的感受，请常常用这样的方式来同自己进行对话。

"此时此刻，我是幸福的，因为……"

"……会让我内心充满信心和希望。"

"说实话，我愿意接受……"

"……让我感觉到满足。"

"你看，我能够……"

"当下，我感到快乐，因为……"

"我对……心存希望。"

"实际上，我能掌握自己……"

或许开始的时候您有些不习惯，甚至有时候觉得有些奇怪，没有关系，鼓励自己渐渐用真诚和认真的态度看到自身不错的地方，看到让自己在变得不错的过程中付出的努力和坚持，肯定自己值得被认可。

案例分享

17 岁的妮可是一名高中毕业班学生，被转介过来是为了进行心理教育评估，以便解决学习无能和注意力问题，在评估过程中，咨询师发现她有明显的考试恐惧症。

咨询师（C）：大约一两个月前，我们讨论过你会因测试、考试和参加考试等事件感到恐惧和焦虑。能再跟我说说吗？我想多了解一些情况。

妮可（N）：嗯，在考试前我会非常紧张，甚至会因紧张影响考试成绩。

C：你的考试成绩受到了影响，是什么意思？

N：因为我很担心考砸了。

C：当你担心或认为你做得不好时，你是怎么想的呢？

N：比如，我会想，我的天啊，如果我做得不好怎么办？

如果我做错了，会发生什么？诸如此类。

C：你是在自我对话吗？是在脑海中与自己对话吗？

N：我告诉自己要冷静。

C：你告诉自己要冷静。你还跟自己说了什么会让你变得更加焦虑和紧张的话吗？

N：我会告诉自己，我一定要做好，否则就有大麻烦了。

C："否则就有大麻烦"，会有什么大麻烦呢？

N：比如"失败了就考不上好大学了"之类的话。

C：当你对自己说这些时，你感觉如何？

N：感觉很糟糕。

C：你的身体也有这种感觉吗？

N：我的胃和脖子感觉不舒服。

C：还有其他地方感觉不好吗？

N：没了。

C：是胃疼和脖子疼吗？

N：是的。

C：在你今天来之前我给你安排过家庭作业，让你写下当你感觉焦虑不安时会对自己说的话。我们将你在心里思考时对自己说的话称为认知自我对话。你可能会想到消极的、讨厌的和令你感到受伤的事情，使你陷入疯狂的状态，让你的胃感觉七上八下，开始感觉脖子疼，或者也可能会想一些积极的或肯定性事件。

N：是的。

C：如果你想到一些积极的和肯定性事件，你就不可能想到……

N：不好的事情。

C：对，不好的事情，我们称之为交互抑制，这意味着你不可能同时做两件截然相反的事。因此，如果你有积极向上的想法，就不可能会想到消极的或令人感到受伤的事。

N：好的。

C：所以，我想让你做的一件事就是希望你跟我分享一些你会对自己说的积极的话，那么，你会对自己说什么呢？

N：……别担心，最后一切都会变好的，所以紧张也没有用。

C：别担心，紧张是没有用的（写下来）。还有其他的吗？

N：告诉自己深呼吸并放松。

C：很好，深呼吸并放松（写下来）。

其实当我们持有冷静和放松的想法时，哪怕生活中要面对令人讨厌的事情时，我们也会感到好些。这是基于交互抑制理论原则的认知自我对话，也就是说，你不可能在想到讨厌的事的同时想冷静和放松的事，这样就中断了所有进入你脑中的令人讨厌的事。所有这些令人痛苦和紧张的事都会被屏蔽，取而代之的是让人冷静和放松的话语，这是一种能帮助你摆脱紧张的有效方式。

二、情绪调节

1. 接纳自己的"负面情绪" 在生活中，经常听到有人带着歉意或者自责发出这样的声音，"我没有控制好情绪"。这种声音潜在的表达就是我们要掌控自己的情绪，尤其想让负面情绪尽快消失，总想压制、赶走它们。如果我们没有做到，没有按照预期控制好自己的情绪，我们就会自动化地认为自己不够好，自己可能在这方面有问题，开始自我责难，我怎么连自己的情绪都控制不好，我怎么老有不舒服的情绪？不知道正在阅读的您是不是也曾这样苛责自己呢？

当我们在面临挫折和失败等境遇时，对自己克服各种困难的能力总有着较高的期待，当然也包括控制带来不舒适体验的负面情绪。严格意义上来说，"负面情绪"本身是不存在的，这样的表述是人们根据自己的体验好恶将情绪进行划分的产物，而情绪本身是没有好坏之分的，各种情绪就像色彩一样，都是自然且不可或缺的存在，因此我们要学习的是用无差别的眼光去看待各种情绪，尤其是"负面情绪"，用开放的心态去体验各种情绪，通过这样的方式，我们才能够看到情绪本来的样子和情绪带给我们的帮助和启示。

案例分享

小 A 是一名年轻上班族，来咨询室向治疗师抱怨自己每天有很多事情要做，需要很早起床，但到晚上躺在床上却很难睡着，只要睡不着，就会担心自己第二天起不来床，白天打瞌睡，影响生活，为此非常苦恼。

治疗师：当你有这种想法时，你有什么感觉？

小 A：我感觉很焦虑，烦躁。

治疗师：当你感觉烦躁时，身体有什么感觉？

小A：我感觉胸口出汗，像有火烧，浑身不适，在床上翻来覆去，听到一点声音就非常烦躁。

治疗师：现在尽可能清晰地想象，你明天要出差了，你认为自己并没有准备好，但这次出差的结果非常重要，如果不能成功会有巨大的经济损失，你的同事和领导会对你非常失望，你妻子和孩子对你期待很高，你的竞争对手也很强大，现在请你报告一下你的身体感受。

小A：我感觉身体紧绷，呼吸急促，胸口发闷，很烦躁。

治疗师：非常好，让我们在这样的情绪状态中感受一下。当我们产生一些"负面情绪"时，我们就会出现相应的反应，从而干扰睡眠，这是非常自然的事情。

2. 表达和倾诉自己的感受　众所周知，人的情绪和感受需要被表达。通过表达，情绪得以排解和释放，内心才有痛快和过去了的感受，这对我们的心理健康是具有保护作用的。

每个人情绪表达的对象不太一样，有的人喜欢向自我表达，有什么情绪都喜欢自己独享，把情绪保留在自己的内心体验中，不为人知；有的人喜欢向他人表达，开心也好，伤心也罢总是想跟其他人聊聊，让别人了解；也有的人喜欢向外在的物理环境表达，比如去到空旷无人的山林、海边等，放声呼喊，抑或默默低吟。每一种选择都是很好地照料自己内心的方式，如果我们能够根据具体的情况选择向不同的更为合适的对象表达就更加健康了。

同样地，每个人表达情绪的方式也不一样，大家可以检视下自己，你多数时候习惯用什么方式表达呢？是用非语言的行为表达，开心时手舞足蹈，紧张时走来走去；还是用艺术媒介表达，写一写、画一画、唱一唱、跳一跳等；还是用语言表达，将自己的体验变成语句或文字娓娓道来呢？相信每个人在表达方式上又是千差万别的。总的来说，如果你的表达方式没有伤害自己，也不会伤害他人就可以自由地使用。

在这里，推荐一种用语言向自我表达的小方法——情绪的外化技术。

这是叙事疗法中所使用的一种技术，叙事疗法强调人是人，情绪是情绪，人与情绪共处，每个人都是面对自己情绪的主人和专家。不带评判地聆听情绪的表达，贴近情绪，不试图压制和赶走情绪，尊重情绪的发生发展过程，不去病理化情绪，不标签化情绪，与情绪对话，将情绪外化成你之外的一部分，清楚地看到自己的情绪，好奇情绪背后的渴望和善意，那么情绪得以被尊重、被聆听、被理解、被回应，也就获得了充分的表达。

案例分享

小 A，一名大学在校女学生，性格内向，自小父母便长期不在身边，与爷爷奶奶一起生活，初中时才被父母接回自己的家中居住。但小 A 的情况并未好转，反而日渐消沉，话也越来越少，小 A 觉得父母根本不了解自己，现在也只是为了补偿以前对自己的愧疚，跟他们没什么可说的。小 A 顺利考入大学后也依旧长期处于这样低沉的情绪状态中，很少与同学们进行交流，母亲为此感到非常担忧，于是带小 A 找到心理治疗师。在治疗的过程中，治疗师为小 A 介绍了情绪的外化技术，希望小 A 在对当下自己的情绪感到不耐烦、不满意、不舒服的时候，应用这项技术，使情绪得以良好的排解和释放。

以下是具体实施过程。

请顺手拿一个玩偶作为你情绪的扮演者，让玩偶作为你情绪的代言人与你自己开启对话，你可以问它以下这些问题。

情绪，你今年多大年纪？

你怎么会想到要进入我的生活中？

你的善意是什么？

发生什么你会比较安静？

当我可以掌管你时你的感觉是什么？

当我没办法掌管你时，你的感觉又是什么？

情绪，你是靠什么强大的？

什么时候，和谁，发生了什么会让情绪你远离我？

你想让我如何看待自己？

你希望我从你身上学到什么？

你想让我的工作生活变成什么状态是你喜欢的？

你想让我和家人，我的工作关系成为什么样的关系？

经过这样的对话，相信你会对自己的情绪有更多了解，同时你也会看到一些以前不曾了解的自己，在这样的自我对话中，内在的情绪成为照料自己的一种资源被整合进自我认同中。

3. 身心放松 积极的情绪对于提高身体的免疫力有着非常重要的作用，下面介绍几种调整情绪状态的自助小方法，通过自我安抚，自我照顾，提高情绪的耐受力，增进情绪调控能力。不需要麻烦别人，您只需跟随下面的引导，就可以自己进行心灵按摩了。

（1）腹式呼吸：腹式呼吸是缓解压力的一种常用的有效方法，通过有意识地调整呼吸状态，进而扩大肺活量，有效地增加身体的氧气供给，使血液得到净化，改善心肺功能。同时，每一次腹式呼吸对肝脏、胃部、肠道以及其他腹腔的器官都是一次非常好的按摩。

案例分享

小 A 是一名年轻上班族，因工作压力大，常无故失眠，偶有突然出现的紧张不安、心慌、胸闷及多汗等不适，为此感到非常痛苦。治疗师了解小 A 的情况后，介绍了腹式呼吸的方式进行调整，该方法被证实能够产生松弛反应，降低交感神经活动的兴奋性。尽管不能确保入睡，但会明显降低焦虑水平，减少小 A 的压力感受。

以下是具体实施过程。

接下来请您跟随我的指导语进行腹式呼吸的练习。

在房间中您可以站着、坐着，也可以平躺，然后慢慢地闭上眼睛，自然呼吸，身体放松，现在可以把一只手放在肚子上，另一只手放在胸口，用鼻子深深地吸一口气，心里默数1、2、3，吸气的时候胸部不动，而是感受到腹部渐渐鼓起，吸到最大限度后停留 1～2 秒，想象吸入的氧气到达身体的每个细胞，接着，用嘴巴长长地呼气，要比吸气时的节奏更缓慢，心里默数 1、2、3、4、5，此时胸部仍然不动，需要腹肌用力使腹部渐渐瘪下去，身体中的废气都被呼出来了。这就是一次腹部呼吸。接下来，我们继续来体会一下。

脑子里什么都不用去想，所有的注意力集中在你的呼吸上，吸要吸得足，呼要呼得透，每一次呼吸都会加深你身体的放松，注意力始终集中在呼吸上，可能你的脑海中会浮现一些东西，但没关系，只要你意识到自己走神的时候，就及时把注意力再拉回到呼吸上。

吸气，大量的氧气、能量都通过你的鼻腔、喉咙，吸进你的肺部，在那里，养分融入你的血液，并输送到你身体的每一个器官和细胞。呼气，所有的废气、浊气都被统统排出了体外。

吸气，你身体内的废气、病气和所有不愉快的念头，都被聚集到你的肺部，呼气，所有的废气、病气和烦恼，都被统统呼出了体外，永远地离开了你和你的身体。

随着你的呼吸，能量源源不断地被吸进体内，营养你和你的身体，紧张和压力的感觉全部被呼出体外，只要你的注意力集中在呼吸上，就能感受到这种吐故纳新的过程，能量不断被吸进，所有废气都被排出，身体越来越放松，越来越舒适。

好，在你需要的时候可以进行 3～5 次腹式呼吸，让自己的紧张状态得到一定的平复。

（2）身体扫描：这是正念心理调适的一种方法，通过用想象的方式扫描和观察我们的身体，进而放松心灵，自我安抚，自我照顾，提高情绪的耐受力，增进情绪调控能力，改善面对紧张情绪时的自我调节能力。

案例分享

小 A 是一名初中生，曾经随爸妈出去旅行时，发生了一次车祸，此后他便再也不敢坐车。无论家人如何劝他，他都不敢上车。随着时间的推移，他的情况越来越严重，甚至每次看到车都会紧张，到最后发展到不敢出门，严重影响了正常的学习和生活。于是在家人的陪伴下来到了医院进行治疗。

心理治疗师详细询问小 A 的病情，小 A 在交谈过程中表现得异常紧张，面部表情展现出恐惧、害怕，声音颤抖，身体也出现明显地抖动。尽管事件已经过去了近两个月，而小 A 的症状却越来越严重。于是心理治疗师首先教会小 A 学会调整情绪状态的自助小方法——身体扫描。

以下是具体实施过程。

身体扫描是正念心理调适的一种方法，通过用想象的方式扫描和观照我们的身体，进而放松心灵，带来更多舒适的感觉。

接下来，请您跟随我的指导语开始身体扫描的旅程。

首先，请您在房间里找一个安全而舒适的地方，仰面靠着或者躺下来。可以选择躺在地板的垫子或者地毯上，也可以躺在自己的椅子、沙发或者床上。然后，轻轻地闭上眼睛。

好，下面我们一起花点儿时间去觉察一下自己的呼吸，现在把您的注意力放到腹部，腹部随着吸气而膨胀，随着呼气而收缩，感受一下自己的呼吸，注意腹部的起伏变化。在自然的呼吸中感觉到身体慢慢地变得松弛下来。

现在想象一下，仿佛有一台扫描仪，从脚底开始慢慢地扫描自己的整个身体。

现在，请您慢慢地把注意的焦点转移到左脚上，从脚趾开始感受每一个脚趾的存在，感受一下每个脚趾之间的空隙，感受脚趾间摩擦的感觉，感受左侧脚掌和脚跟的感觉，感受脚背、脚踝，接下来感受一下左侧小腿的皮肤与裤子接触的感觉、被支撑的感觉，腿部的肌肉是紧绷还是放松，感受到血液在血管里流动，再感受一下小腿与大腿连接处的膝盖，感受左侧膝盖的上面、下面、内侧、外侧，以及整个膝盖，接着是由外向内感受大腿的存在，最后将注意力扩散到整条左腿上。被衣服盖着的地方就感受与衣服接触的感觉，没有衣服的地方，就感受皮肤与空气接触的感觉。

下面，将注意力转移到右脚上，还是从脚趾开始感受每一个脚趾的存在，感受一下右脚每个脚趾之间的空隙，感受趾间摩擦的感觉，感受右侧脚掌和脚跟的感觉，感受脚背、脚踝，接下来感受一下右侧小腿的皮肤与裤子以及与空气接触的感觉，腿部的肌肉是紧绷还是放松，感受血液在血管里流动的感觉。还有骨头的存在，再感受一下小腿与大腿连接的膝盖。感受右侧膝盖的上面、下面、内侧、外侧，以及整个膝盖的存在。接着将注意力扩散到整条右腿上，这时无论你的身体感受是什么？冷的、热的、酸的、胀的、麻的、刺痒的，以及细微的或粗重的。你只要感受它就好。

接下来，扫描到臀部，感受它与支撑物接触的感觉，再到腹部，吸气时腹部慢慢上鼓，呼气时腹部慢慢地下落，感受胃肠的运动，感受胃部饱胀或饥饿的感觉。感受右侧肝脏、左侧的脾脏的感觉，或许没有任何感觉，这也是一种感受，接下来到达你的心脏和肺部，感受你心脏的跳动、肺部的活动，以及呼吸时胸廓的起伏，向上到达双侧肩膀、上臂和双手每一根手指，肩部的感觉是紧绷、疼痛或是放松，手臂和双手的感觉是什么？热的、胀的、麻的，很细微或是很明显，接下来是整个背部，感受被支撑的感觉。

接下来我们开始颈部的扫描，咽喉是我们吃饭和说话的部位，可以做一下吞咽的动作，感受是否顺畅和轻松，再将注意力慢慢向上移动，感受面颊是否有紧绷的感觉，鼻腔中气体吸入呼出的感觉，感受我们的嘴唇、牙齿、舌头、耳朵、眼睛、眉毛及额头的感觉，每一部分是否有紧绷或放松的感觉，或发冷、发热、麻木、疼痛、刺痒或完全不能描述的感觉，有些感觉可能一会儿就消失了，也可能持续很久，再往上，我们温柔地将注意力带到头顶部，感受头皮干燥还是湿润，是紧绷还是放松，是否有发热、麻木、疼痛、发痒等感觉。无论是什么感觉，你要做的就是感受这些感觉，只是静静地观察它们。

当你用这种方式扫描完全身之后，花几分钟体会全身的感觉，你可能感觉到身体的某些部位有些紧张或不舒服，那就将注意力放在那个部位，通过"深呼吸"来清除这种感觉，感觉充满氧气的血液流向那个部位，带去舒服放松的感觉，随着呼气，将那个部位的紧张和不舒服带走并呼出体外。

好，当你觉得身体的各个部位通过扫描都得到了放松，你可以慢慢地睁开眼睛，结束这一次的扫描练习，轻轻地揉揉眼睛，搓搓脸颊，慢慢地起身休息一下，再进行日常的活动。

（3）蝴蝶拍：顾名思义，就是像蝴蝶一样拍打翅膀，又好像我们在自己拥抱自己、安慰自己，可以促使心理和躯体恢复和进入一种稳定的状态，从而使我们的情绪稳定、获得安全感、愉悦感。它是心理稳定化的一种技术和方法，能够帮助我们提取自身资源，快速恢复内心平静，稳定情绪，进而能够让大脑冷静思考，做出正确的判断，保护自己的身心健康。

案例分享

小A常莫名因生活中的事情感到紧张不安，并伴有心慌、手心出汗等表现，甚至明明知道这件事并不是大事，哪怕并没有做好也不会对自己有任何影响时，也难以避免地为此紧张害怕。小A为此感到非常苦恼，并主动寻求心理治疗师的帮助。了解了小A的情况后，治疗师为小A提供了蝴蝶拍的方法。当我们处在一个相对比较安全、没有危险的环境中，但还是难以控制地对周围环境感到不安全、紧张、孤单、无助及害怕的时候，可以使用蝴蝶拍的方法提高自己的掌控感和安全感。

以下是具体实施过程。

接下来请跟随我的指导语开始蝴蝶拍技术的学习。

请您在房间中以一个非常舒服的姿势坐着，全身放松，双眼可以闭上，也可以微微眯着。非常好，做一个腹式呼吸。下面，请从你回想一件让你感觉到愉悦、温暖或骄傲与自豪的事情，回想这件事情给你带来的美好感觉，从身体到心灵，都非常愉悦，然后找到一个能够代表这种积极体验的画面，现在请您体会一下脑海中浮现这个画面时自己身体的感受。

此刻，请您一边感受这种积极的体验，一边把双手交叉在胸前，轻抱自己对侧的肩膀或上臂，双手交替轻拍自己的肩膀或上臂，左右交替轻拍，速度不要过快，左右各拍一次为一轮，8~12轮为一组。用自己感觉舒服的力度和节奏去拍，双手模仿蝴蝶的翅膀，轻轻地、慢慢地拍打自己。刚刚画面带来的美好感觉随着轻轻地拍打融入身体的各个部位，好，我们再来一组。

1、2、3、4、5、6、7、8、9、10。在拍打的过程中，你的头脑中可能会浮现出各种感受、想法、情境，伴随着身体的各种感觉，让其自然而然地发生，是什么我们就接纳什么。如果在这个过程中出现负面或者不舒服的体验，告诉自己"现在我只关注正面且积极的东西，其他不舒服的先放在一边，之后我再去考虑"。如果这样做后，负面的想法或体验渐渐淡化，可以继续做蝴蝶拍。如果还是不能赶走，请停止做蝴蝶拍。起身关注周围环境中的其他东西，如可以关注房间里有几种颜色，体验脚踏地板的感觉等，让自己回到此时此地，做深慢的呼吸，同时体验当下的安全。调整后再回来继续。

拍完一组后停下来，做一次深呼吸，感受当下的美好体验和安全感。再重复上述过程2~3组后停止。我们再来一组，1、2、3、4、5、6、7、8、9、10。

此后，当您需要再次感受那种积极的体验的时候，就可以闭上眼睛，想象那个画面，同时使用蝴蝶拍，好像母亲在哄着孩子入睡时的力度和节奏，使心理和身体恢复和进入一种积极的"稳定"状态。

（4）想象式放松：想象式放松是一种常用的调节情绪的心理学方法，通过想象放松的过程让自己的身体和心灵得到休息和放松。

案例分享

小 A 是一名大三学生，为了成功考入自己理想的学校，每天坚持自习，长时间处于一种紧张担忧的情绪状态，反而学习效率逐渐下降。小 A 为此非常担忧，主动寻求心理治疗师的帮助。对于备考期间精神高度紧张的小 A，针对放松意念的想象式放松可能更加适合。

以下是具体实施过程。

请您跟随我的指导语进行放松意念的练习。

在房间中找到一个光线柔和而幽静的地方，选择一种最舒适的姿势坐着，双腿分开，双手平放在大腿上，你也可以选择在睡前躺在床上，双手平放在身体两侧。

好，现在请你注视离你比较近的某个点，可以是电视的边角、屋顶的电灯，也可以是天花板上方格的交会点，当你的双眼一动不动地看着这个点时，你的眼皮会感到越来越沉。当你的眼皮感到越来越沉时，想闭就闭上眼睛，现在跟随我的指导语做腹式深呼吸，当我说吸的时候，腹部慢慢地隆起，我说呼的时候，腹部慢慢地回缩。吸——呼——，吸——呼——，吸——呼——

当每次呼出时，想象将所有的紧张、焦虑、烦躁和痛苦呼出体外。随着呼吸感受身体所有部位都进入放松的状态，从你的头皮、面部，到脖子，再到两侧肩膀，好像很沉的东西一下从肩上拿开了，很放松。到胳膊，直至双手……现在你的前胸、背部、腰部开始放松了，整个后背都沉沉地贴在椅子上或床上。腹部放松了，胯骨放松了，两条腿沉沉的，大腿放松了，膝盖和小腿放松了，延伸到双脚，每一根脚趾，全身的每一部位都放松了。现在你的全身都放松下来了。

接下来，想象自己来到了一个美丽的、使你感到非常舒适的地方，这里的一切都是你喜欢的。你看到喜欢的景色、建筑、人物、动物、植物及摆设，听到好听的声音，闻到香甜的气味，身体感受到温暖轻柔的风，脚下是松软的地面，你感到很舒服，很放松，吸气时把放松、平和、宁静、喜悦不断地吸入体内，呼气时，把紧张、焦虑、不安、忧愁全部呼出体外，接下来我将沉默一会儿，你可以好好享受这种放松和宁静。

好，经过充分的放松休息，你感到自己轻松、愉快、全身充满力量！均匀呼吸，全身放松。过一会儿你醒来的时候，会觉得身体很放松，并且精力充沛。当我从3数到1的时候，请你慢慢睁开眼睛。3，慢慢清醒；2，回到这间屋子；1，睁开眼睛。如果此刻你想清醒，请以自己感觉舒服的速度睁开眼睛。如果此刻你躺在床上，想继续睡觉，可以放松地睡到自然醒来。

另外，在放松的时候可以根据自己的喜好，听一听安静轻柔的音乐。让自己全身心地投入轻松恬淡的乐曲中，伴随音乐可以使心情和身体得到更好的放松和休息。

（5）安全岛：安全岛是一种通过想象改善自己情绪的心理学技术。所谓"内在的安全岛"是指在你的内心深处找到一个使自己感到绝对舒适和惬意的地方，它可以是地球上的某一个地方，也可以在一个陌生的星球上，或者任何其他可能的地方。如果可能的话，它最好存在于想象的、并非现实世界中真实存在的某个地方。关键的是，这个地方只有你一个人可以进入。当然，如果你在进入这个地方时产生强烈的孤独感的话，也可以找一些有用的、友好的物品带着。这个地方应该是受到良好的保护，并且有一个很好的边界。它应该被设置为一个你绝对有能力阻止未受邀请的外来物闯入的地方。真实的人，即使是好朋友，也不要被邀请到这个地方来。因为与其他人的关系也包含有可能造成压力的成分。在内在的安全岛上不应该有任何压力存在，只有好的、有保护性的、充满爱意的东西存在。

案例分享

小 A 刚刚步入大学，因为心理测查提示抑郁状态，在心理老师的建议下来到医院寻求心理治疗师的帮助。小 A 自小父母离异，严重缺乏安全感的小 A 害怕主动与他人交流，但这样的她在学校里作为与他人不一样的存在，常被同龄的小朋友嘲笑，甚至被指责是傻瓜。小 A 为此感到非常苦恼，但父母并没有时间理会她的情绪，慢慢地小 A 感到更加自卑，于是越来越孤僻，甚至对生活没有任何期待。面对无助的小 A，治疗师希望能在她的心中建立一个只属于她的安全岛。在这个岛上，小 A 拥有绝对的控制感，能让自己感到放松和舒适，尽管在做这样的练习时，可能要花上一点时间。

以下是具体实施过程。

下面请跟随我的指导语开始慢慢走近自己的安全岛。

现在，请你在内心世界里展开想象，那是一个非常安全的地方，在这里，你能够感受到绝对的安全和舒适。这个地方只有你一个人能够造访，你也可以随时离开。如果你愿意，也可以带上一些你需要的东西陪伴你，比如友善的、可爱的、可以为你提供帮助的事物，你可以给这个地方设置一个你所选择的界限，让你能够单独决定哪些有用的东西允许被带进来。但需要注意的是，那是一些东西，而不是某些人。真实的人不能被带到这里来。别着急，慢慢考虑，寻找这么一个神奇、安全、惬意的地方；或许你看见某个画面，或许你感受到了什么，或许你首先只是在想着这么一个地方，它会慢慢浮现在脑海中。如果在你寻找安全岛的过程中，出现了不舒服的画面或者感受，别太在意这些，而是告诉自己，现在你只是想发现好的、内在的画面，致于处理不舒服的感受可以等到下次再说。现在，你只是想找一个只有美好的、使你感到舒服的地方，每个人都有一个这样的地方，你只需要花一点时间，有一点耐心。

现在想象自己置身在这个安全岛上，请你环顾左右，看看是否真的感到非常舒服、非常安全，这里确实是一个可以让自己完全放松的地方。请你用自己的心智检查一下，在这里，你感到完全放松、绝对安全和非常惬意。确认了这种感受后，请你仔细环顾你的安全岛，仔细看看岛上的一切，所有的细节。你的眼睛看到了什么？你所见到的东西让你感到舒服吗？如果是，就留在那里；如果不是，就变换一下或让它消失，直到你真的觉得很舒服为止；你能听见什么吗？你感到舒服吗？如果是，就留在那里，如果不是，就变换一下，直到你的耳朵真的觉得很舒服为止；那里的气温是不是很适宜？如果是，那就这样，如果不是，就调整一下气温，直到你真的觉得很舒服为止；你能不能闻到什么气味？舒服吗？如果是，就保留原样；如果不是，就变换一下，直到你真的觉得很舒服为止。请仔细观察，只要能使你感到更加安全和舒适，就请尽情地使用想象去打造它。

现在你的小岛在你的想象下越来越让你感觉舒适，请你仔细体会，你的身体在这样一个安全的地方，都有哪些感受？你看见了什么？你听见了什么？你闻到了什么？你的皮肤感觉到了什么？你的肌肉有什么感觉？呼吸怎么样？腹部感觉怎么样？请你尽量仔细地体会现在的感受，如果你在你的小岛上感觉到绝对的安全，就请你用自己的躯体设计一个特殊的姿势或动作，在任何情境下使用这个姿势或者动作，你就可以随时回到这个安全岛来。以后，只要你一摆出这个姿势或者一做这个动作，它就能帮你在你的想象中迅速地回到你的这个地方来，并且你会感觉到舒适。比如你可以握拳或者把手摊开，以后当你一做这个姿势或动作时，你就能快速到达你的内在安全岛。请你带着这个姿势或动作，全身心地体会一下，在这个安全岛的感受有多么美好。现在撤掉你的这个姿势或动作，平静一下，慢慢地睁开眼睛，回到自己所在的房间，回到现实世界中。

三、行为调节

1. **培养和维持健康的生活方式**　维持日常生活习惯和节奏，制订适合自己的作息安排，按照安排规律生活，减少因空虚无聊带来的烦乱思绪和困扰。

睡眠方面，人的一生中有 1/3 的时间是在睡眠中度过的，充足的睡眠能促进体力和精力恢复，保护大脑，增强机体抵抗力，调节情绪，促进儿童身体成长及脑功能发育，加快皮肤再生，预防皮肤衰老。保证充足的优质睡眠至关重要，例如可以使用闹钟提示入睡和起床时间，以便维持规律作息；确保你所处的环境没有让你分心的事物，如过强的光线或噪声；尝试在睡前 1 小时停止使用手机和平板电脑等电子设备；尽可能减少尼古丁（如吸烟）、咖啡因和酒精的摄入；尝试帮助入睡的放松技巧（如用温水泡脚）；除了睡觉和性生活，其他时间不要上床；不要在床上读书、看电视；只有在感到困倦时才上床；睡前 1 小时避免脑力劳动或者体育锻炼等。

维持健康均衡的饮食习惯，多摄入水果、蔬菜、各种豆类（如扁豆）、坚果和全谷物类（如未加工的玉米、小米、燕麦、小麦和糙米）；每天吃一些乳制品或乳制替代品（如豆制品）；

限制盐、脂肪和糖的摄入量；多喝水。

2. 增强社交活动　多与朋友家人保持联系，加强社会支持。社会支持是个体从其所拥有的社会关系中获得的精神上和物质上的支持（社会关系是指家庭成员、亲友、同事、团体、组织和社区等）。这些支持能减轻个体的心理应激反应，缓解精神紧张状态，提高社会适应能力。增强社交活动，多与朋友家人保持联系是获取社会支持的主要途径之一。

3. 有节制地使用网络　如刷视频、网购、玩游戏等要有节制。网络本是科技发展给生活带来很多便利的工具，但在现实中，许多人被网络所裹挟，人反而变成了网络的"奴隶"。尤其对一些在现实生活中无法获取足够社会支持的人来说，为了缓解自身心理创伤带来的心理痛苦，会频繁过度地使用网络进行如游戏、购物、社交等行为，这很容易形成恶性循环，对网络的依赖性越来越强，导致现实的痛苦和困境无法得到有效的缓解。

因此需要自觉增强使用网络的自制力，合理规划每天的时间安排，把用网的时间限制在一定时间段内，把时间多用于参与日常学习与工作活动、结交朋友、参加体育锻炼、培养兴趣爱好、解决现实问题等方面。只有这样，才能让网络更好地为我们服务，而不是让网络"反客为主"，使自己深陷网络的旋涡中无法自拔。

第二节│这样做有帮助吗

一、借酒消"愁"，"愁"能消失吗

Z先生现已54岁，中专毕业后一直在某工厂担任电工的工作，并自学本科课程，努力精进自己的业务能力，平时常与朋友一起聚会饮酒。直到Z先生40岁那年，所在的工厂被他人买断后，Z先生过上了没有正式工作的生活。中年失业，Z先生如遭雷劈，让本就不富裕的家庭更是雪上加霜。Z先生开始通过饮酒的方式缓解情绪，饮酒量逐渐增加，从啤酒转向了酒精度数更高的白酒。刚开始Z先生也只是晚饭时饮酒，并借酒助眠，但随着饮酒量的增加，Z先生的进食量开始减少，身体状况也每况愈下，并开始出现晨起饮酒，饮酒频率明显增加的情况。后来逐渐加重到白天没事就饮酒，饮酒后便睡觉的循环。Z先生也意识到情况的严重性，曾试图戒酒，但停酒后出现的手抖、乏力、烦躁等不适感让Z先生难以摆脱酒精的控制，并慢慢出现话少、很少外出与他人交流的情况。Z先生开始借酒消愁，通过饮酒缓解自己的愁绪，享受酒精带来的短暂放松感，但他的身体却难以避免对酒精产生依赖，"愁"没有消失，反而导致他的处境越发困难。

解析：Z先生在遇到职场变故的时候选择了相对不是很健康的方式进行情绪调节，即饮酒，导致了酒精成瘾的不良后果。在Z先生刚刚出现职场变故时，强烈的压力感受让其难以承受，继而选择了借酒消愁的回避性应对方式，随着对酒精

的耐受，饮酒量越来越多，甚至出现了依赖感，以及不同程度的戒断反应。目前，Z 先生需要到精神专科医院的酒依赖门诊进行诊疗，在此基础上进行适当的自我调节。首先，在行为上做到规律生活，远离酒精；其次，在认知层面上适当地转移注意力，丰富自己的业余生活，以缓解对酒精的惦记，正视过度使用酒精带来的短期后果和长期危害，从观念上改变使用酒精这一回避性应对方式；再次，使用情绪调节的方法学习如何合理地接纳与表达自己的痛苦情绪，强化家庭和社会支持，能够用更加健康的方式调节自己的负性情绪。

二、频繁恋爱，情伤就能忘记吗

　　小 A 曾与大学同学小 B 相恋多年，小 A 很享受和他在一起的时光，也很满意他们之间的关系，所以当小 B 跟小 A 说他爱上了其他人时，小 A 很心痛，于是她告诉自己"他不是我命中注定的那个人，这段感情对我来说不是对的那段"。而后小 A 开始频繁更换男友试图找到那个跟自己天造地设的另一半。然而一次次的失败，让小 A 备受打击，她开始怀疑自我，更加怀念与小 B 在一起的时光，在失败的经验中反复自责，担心自己未来还会犯同样的错误。小 A 的消极想法影响了她接下来的每一段爱情，其实她并没有真正接纳那段经历，频繁恋爱的方式也不能让小 A 尽快忘记旧情，找到真命天子。

　　解析：小 A 经历了情感中背叛带来的创伤，没有获得及时有效的疗愈，其不断地使用合理化的防御方式告诉自己找到的对象是不对的，所以频繁更换男友，但屡次更换的结果都以失败告终。对她来说，需要先进行情绪调节，逐步意识到自己对那次恋爱经历的失败非常在意，接纳那次情感背叛给自己带来的愤怒、羞耻和恐惧的情绪，在有强烈情绪体验的时候使用一些上文提到的放松技术进行自我安抚，同时慢慢能够将这种情绪向自己信任的家人和朋友表达。从认知调节的角度看，在一次次对这份情感的回顾与惋惜中，她能够更为理性地看待这段情感关系的发展过程，并从中学习到自己在亲密关系互动中的行为方式，进而能够以更为谨慎的态度寻找下一个恋爱对象。

三、过度工作、熬夜加班，往事就能随风而逝吗

作为职场新人的小 W 入职后经常因为对规章制度的不熟悉和业务能力的生疏而被领导批评，为此小 W 非常苦恼。一次在办公室小 W 与同事开心聊天的样子被领导撞见，领导随口说了句："笑什么呢？工作做完了吗？"此后，在长达半年的时间里，小 W 长期处于紧张不安的状态，在办公室都不敢与同事开玩笑。为了证明自己的能力，小 W 拼命工作，每天都是最后一个离开公司，努力承担更多的工作，但过度的工作并没有缓解她内心深处对自己能力的不认可，经常回想起领导指责自己的情景。

解析：小 W 经历了职场上的创伤，在遭遇领导批评后，对自己的工作能力产生了怀疑和否定，同时又非常想获得领导的认可和赞赏。其首先需要通过情绪调节的方式尝试接纳自身

当下的焦虑情绪和状态，过度的付出和担心会加剧焦虑情绪本身。其次，通过认知调节识别自己的不合理信念，如我拼命工作就说明能力强，领导批评就意味着对自己工作能力进行否定等，然后将想法调整为合理的理解方式，更为理性地看待领导对自己的批评，允许自己作为一个职场新人会经历从陌生到熟悉的过程，同时接纳领导出于工作角色提出的批评，并尝试从善意提醒的积极角度去看待领导的行为。行为方面，在不断学习和提高自己工作技能的情况下，加强与领导的沟通和汇报，了解领导的需求和想法，以尽快适应新的工作岗位和角色。

笔记页

笔记页

笔记页

笔记页

笔记页

笔记页

笔记页

笔记页